高等教育理工类"十四五"系列规划教材

大气污染控制工程实验 及应用实例

李小菊　能子礼超　曹　芮◎主编

四川大学出版社
SICHUAN UNIVERSITY PRESS

图书在版编目（CIP）数据

大气污染控制工程实验及应用实例 / 李小菊，能子
礼超，曹芮主编. -- 成都：四川大学出版社，2025. 3.
ISBN 978-7-5690-7738-4

Ⅰ. X510.6-33

中国国家版本馆 CIP 数据核字第 2025147NN0 号

书　　名：大气污染控制工程实验及应用实例
　　　　　Daqi Wuran Kongzhi Gongcheng Shiyan ji Yingyong Shili
主　　编：李小菊　能子礼超　曹　芮
丛 书 名：高等教育理工类"十四五"系列规划教材

丛书策划：庞国伟　蒋　玙
选题策划：蒋　玙
责任编辑：蒋　玙
责任校对：陈　杰
装帧设计：墨创文化
责任印制：李金兰

出版发行：四川大学出版社有限责任公司
　　　　　地址：成都市一环路南一段 24 号（610065）
　　　　　电话：（028）85408311（发行部）、85400276（总编室）
　　　　　电子邮箱：scupress@vip.163.com
　　　　　网址：https://press.scu.edu.cn
印前制作：四川胜翔数码印务设计有限公司
印刷装订：成都市新都华兴印务有限公司

成品尺寸：185 mm×260 mm
印　　张：11.75
字　　数：289 千字

版　　次：2025 年 7 月 第 1 版
印　　次：2025 年 7 月 第 1 次印刷
定　　价：58.00 元

扫码获取数字资源

四川大学出版社
微信公众号

本社图书如有印装质量问题，请联系发行部调换

前　　言

"大气污染控制工程实验"是环境科学与工程学科重要的专业实践课程之一，是环境科学与工程学科核心课程"大气污染控制工程"的重要实践环节。开设"大气污染控制工程实验"的主要目的是通过实验手段培养学生对大气污染控制过程的理解与分析能力，配合理论课程掌握当代大气污染控制技术领域的基本概念和基本原理，学习与大气污染控制工程相关的常用技术、方法、仪器和设备，学习如何用实验方法判断控制过程的性能和规律，引导学生了解实验手段在大气污染控制工艺与设备研究、开发过程中所起的作用，使学生获得用实验方法和技术研究大气污染控制新工艺、新技术和新设备的独立工作能力，并进一步培养学生严谨的科学态度、开拓创新的思维能力和实验设计的思维方法。

随着课程教学改革的不断深入，"大气污染控制工程实验"教材的建设、选择与使用显得尤为重要。为了进一步丰富该课程的教学内容，促进教学质量的提高，以配套和完善"大气污染控制工程"课程的建设和发展，编者在多年讲授大气污染控制工程课程、指导大气污染控制工程设计的基础上，广泛参考国内外优秀教材和设计手册，以及相关行业的典型应用实例，编写了《大气污染控制工程实验及应用实例》。

《大气污染控制工程实验及应用实例》共分三个部分，第一部分为基础篇，第二部分为实验篇，第三部分为应用实例篇，共五章。教材选编了固态污染物控制实验 11 个、气态污染物控制实验 12 个，同时编入火电、水泥、有色金属、钢铁、玻璃、喷漆、海洋石油、陶瓷及化肥行业生产项目过程中的典型空气污染治理案例，选取目前成熟的常用大气污染控制技术，以其基本理论为起点，强调工程设计原理、方法、主要工艺和设备选型，突出工程应用的特点。本教材适应应用型本科新工科专业建设需要，将理论与实践相结合，科研与教学相结合，强化实验过程和学生动手能力，立足培养学生的创新意识和综合应用能力，根据环境工程专业培养目标和教学大纲的要求进行编写，针对性强，内容翔实，数表完整，查找方便，具有较强的理论性、实践性和可操作性。本教材可作为高等院校环境工程、环境科学及其他相关专业本科生、研究生的实践教材或教学参考书，也可供大气污染控制等领域的工程技术人员、科研人员和管理人员参考。

本教材由李小菊、能子礼超、曹芮担任主编，杨红担任副主编，参加编写人员及分

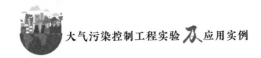

工如下：李小菊负责第 4 章，能子礼超负责第 2 章，李小菊、能子礼超、曹芮共同编写第 3 章、第 5 章，杨红负责第 1 章。在编写过程中，本教材参考了大量的文献资料及图表，编者在此对所有被引用文献的作者表示真挚的谢意！

　　《大气污染控制工程实验及应用实例》的编写是一项复杂的工作。由于编者水平有限，实践经验不足，书中难免出现疏漏之处，恳请各位读者批评指正，以便加以修正。

编　者

2024 年 11 月

目　　录

第一章 绪 论

一、教学目的和要求

"大气污染控制工程实验及应用实例"是大气污染控制工程教学的重要组成部分，是科研和工程技术人员解决大气污染控制或大气污染治理中各种问题的一个重要手段。大气"污染控制工程实验及应用实例"的任务是通过实验培养学生对大气污染控制过程的理解与分析能力，配合应用实例及理论课程掌握当代大气污染控制技术领域的基本概念和基本原理，学习大气污染控制工程相关常用技术、方法、仪器和设备，学习如何用实验方法判断控制过程的性能和规律，引导学生了解实验手段在大气污染控制工艺与设备研究、开发过程中所起的作用，使学生获得用实验方法和技术研究大气污染控制新工艺、新技术和新设备的独立工作能力，进一步培养学生正确和良好的实验习惯及严谨的科学作风。

1. 教学目的

（1）进一步巩固大气污染控制工程原理相关理论知识，得到将理论应用于实践的训练。

（2）根据已掌握的知识，能够提出验证结论的方法、方案或需探索研究的问题。

（3）熟悉典型的大气污染净化与处理过程、处理装置及设备结构的特点。

（3）掌握大气污染控制工程实验的实际操作和基本技能。

（4）能够确定实验目标，综合人力、设备、药品和技术能力等方面的具体情况进行实验方案的设计，包括实验目的、装置、步骤、计划、测试项目和测试方法等。

（5）能够分析实验工作的重要环节和实验数据，鉴别和核实实验数据的可靠性。培养学生观察实验现象、测定实验参数、分析和整理实验数据以及编写工程实验报告的能力，提高解决大气污染控制过程中实际问题的能力。

2. 教学要求

（1）掌握实验所用仪器设备的结构、流程和工作原理以及实验的操作方法，加深对基本概念的理解，巩固所学知识。

（2）独立进行实验，包括装配和调节实验装置、观察实验现象、记录和处理实验数据、综合分析实验结果、编写实验报告，从而正确分析和归纳实验数据、运用实验成果验证已有概念和理论等。了解实验方案的设计，并初步掌握大气污染控制实验的研究方法和基本测试技术。

（3）实验过程中必须坚持实事求是的科学态度，忠于所观察到的实验现象，养成严

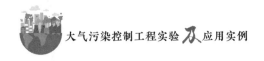

肃、认真、细致的实验习惯。

二、教学程序

1. 实验预习

课前认真阅读实验教材，清楚了解实验项目的目的和要求、实验原理和实验内容，写出简明的预习提纲。具体要求如下：

（1）了解实验目的、要求和原理。

（2）了解实验设备流程、操作步骤及相关注意事项。

（3）按照实验指导书要求，掌握测取实验数据的方法。

（4）拟出原始实验数据记录表格，练习相关操作。

（5）与同学讨论，分析实验过程中的关键步骤和相互配合等问题。

（6）适当分工，明确实验任务。

2. 实验操作

正确地进行实验操作是实验成功的关键。学生必须认真地按照实验程序，按部就班地进行实验操作。具体要求如下：

（1）进行实验之前，应检查所需设备、仪器是否齐全和完好，包括固定安装设备和设施、临时安装设备、移动设备等。对于动力设备（如离心泵、压缩机等）进行安全检查，以保证正常运转及人身安全，确保实验的圆满完成。

（2）实验操作过程中必须严格遵照操作规程、实验步骤及操作注意事项。若在操作过程中发生故障，应及时向指导老师及实验室工作人员报告，以便及时进行处理。

（3）在实验操作中，需要分步、分工地测取数据时，每项实际操作应当使参与学生在实验小组内进行适当的交换，使学生均能得到全面的操作训练，有利于学生参与和了解整个实验过程。

（4）为了测取正确的实验数据，需要注意数据的准确性和重现性。只有数据测取准确后，才能改变操作条件，进行另一组数据的测取。

（5）实验数据全部测取完，经指导教师检查通过后，方可结束实验，归还所借仪器仪表等，恢复设备原始状态。

3. 读取实验数据

正确读取实验数据是实验操作的重要步骤，关系实验结果的正确性。规范地记录实验数据是防止误差产生的有效方法之一。基体步骤和要求如下：

（1）开始实验操作之前，拟好实验数据记录表格（预习时准备），表格中应标明各项物理量的名称、符号及单位。实验记录要求完整、准确、条理清楚。

（2）实验数据一定要在实验系统稳定后才可读取记录。条件改变后，应在新的条件稳定后再读取记录数据。由于测试仪表的滞后性，条件改变后往往需要一定时间的稳定过程，不能一改变条件就读取数据，这样会降低所测数据的可靠性。

（3）同一条件下至少要读取两次数据，只有当两次数据相近时，才能改变操作条件继续进行实验。及时复核实验数据，以免发生读取或记录错误。若读取和记录由两人进行，则记录数据的同时还需读数。

（4）数据记录必须真实地反映仪表的精度。一般记录至仪表最小分度的下一位数。根据仪表精度，通常记录数据中的末位数是估计数字。

（5）记录数据要以当时实际读数为准，如果规定的水温为 30.0℃，读数时实际水温为 30.5℃，就应该记为 30.5℃。如果数据仍稳定不变，该数据每次都要记录，不留空格；如果漏记数据，应该留出相应的空格。

（6）实验过程中，如果出现不正常情况或数据有明显误差时，应在备注栏中加以说明。

（7）读取数据后，应分析其是否合理，如果发现不合理情况，应立即分析原因，以便及时发现问题并处理。

（8）不得擅自更改实验测试的原始数据。

4. 处理实验数据

通过实验取得大量数据后，必须对数据进行科学的整理分析，去粗取精、去伪存真，从而得到正确可靠的结论。为求得各物理量间的变化关系，往往需要记录许多组数据，有时为获得一个准确数据，还得进行多次测量，这样会给整理数据增加较大的工作量。为此，可采取对每一个参数相同条件下测定的多次结果求取平均值的方法。在整理实验数据时，应注意有效数字和误差理论的应用，有效数字要求取到测试仪表最小分度后一位。

对各种参数进行测量时，无论仪器多么精密、测验方法多么完善、实验者多么细心，所测得数据都会存在一定偏差或误差，其通常为系统误差、偶然误差和过失误差。

5. 编写实验报告

整理实验结果并编写实验报告，是实验教学必不可少的环节。这一环节的训练是今后写好科学论文或科研报告的基础。通过编写实验报告，可提高学生分析问题和解决问题的能力。编写实验报告应坚持科学的态度和实事求是的精神，必须依据所有实验数据和观察到的现象，不能凭臆想推测加以修改。

实验报告包括以下内容：

（1）实验题目。

（2）报告及同组人姓名。

（3）实验日期及实验地点。

（4）实验目的。

（5）实验原理及主要实验步骤。

（6）实验装置流程图及设备规格、型号说明。

（7）实验数据原始记录表（注意表格格式）。

（8）典型计算、公式、图。

（9）实验数据的整理，包括计算数据及结果。

（10）实验结果（可用图示法、列表法及经验式表示）。

（11）结论与思考题、问题分析。

实验报告要求参加实验的同学独立完成，每人一份，这是实验考核的主要依据。

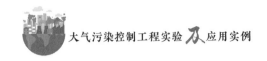

三、成绩评定

"大气污染控制工程实验及应用实例"课程成绩包括课堂实验过程与操作（30％）、实验报告（20％）、期末考试（50％）三个部分。

1. 实验过程与操作评分

（1）预习准备充分，实验材料齐全，提交预习报告；设计性实验方案基本正确，实验任务明确。（10％）

（2）实验认真守纪、积极主动，准时进入实验室。（10％）

（3）掌握实验原理，操作认真、规范，动作有条不紊；独立完成实验，仪器操作娴熟。（20％）

（4）自行发现并排除一般性实验故障，数据记录正确规范。（20％）

（5）具有较强的协作精神和实事求是的工作作风；与他人协作默契，配合得当。（20％）

（6）讨论深入细致，见解新颖。（20％）

2. 实验报告评分

（1）实验报告考核内容。

①实验报告一周内递交。（10％）

②实验数据正确完整，结果分析深入细致。（30％）

③公式、图表、曲线完整无误。（30％）

④遵守实验操作规程，无违规现象发生；问题回答正确，思路清晰，观点有见解。（30％）

（2）成绩档次。

①优秀（90～100分）：实验报告内容完整、叙述严谨、版面布局合理整洁、原始数据完备、数据处理过程完整正确、实验结论正确；实验思考题基本回答正确，实验讨论有一定见解。完全符合考核内容。

②良好（80～89分）：实验报告内容完整、条理清晰、版面整洁、原始数据完备、数据处理过程完整、结果基本正确、实验结论明确；报告有实验讨论的内容。基本符合考核内容。

③中等（70～79分）：实验报告内容基本完整、版面整洁、原始数据基本完整、有数据处理过程、实验结论明确。符合3项考核内容。

④及格（60～69分）：实验报告内容基本完整、原始数据基本完整、有数据处理过程和实验四方面结论。符合2项考核内容。

⑤不及格（＜60分）：有下列情况之一者，实验报告评为不及格：不能完成最基本的实验操作；实验报告马虎、内容不全、无数据处理过程或数据处理过程不完整、实验无结论等；实验报告有抄袭现象；严重违反实验规章制度并造成不良后果；未做实验，但模仿指导教师笔迹签字伪造原始数据；无故缺席或者迟到30分钟以上者，不能补做；不符合考核内容。

4

3. 期末考试评分

（1）基本原理和概念。

（2）实验方法。

（3）实验现象分析。

（4）实验结果分析。

（5）课程总结、体会及建议（附加分 20％）。

期末考试（实验考试）评分办法根据卷面题给定。

第二章　实验基本操作与实验室安全

一、实验基本操作

（一）玻璃器皿的洗涤

大气污染控制工程实验中，采样、预处理、检测、分析等过程需要使用符合要求的玻璃器皿，玻璃器皿需要洗净、干燥。玻璃器皿应按照规定和要求进行清洗，主要有以下几种常用的清洗方法。

1. 去污粉、洗涤剂清洗

烧杯、锥形瓶、量筒等一般玻璃器皿，可浸在去污粉或合成洗涤剂溶液中，用毛刷刷洗。去污粉由碳酸钠、白土、细沙等混合而成。利用碳酸钠的碱性去除油污，细沙的摩擦作用和白土的吸附作用增强了对玻璃仪器的清洗效果。洗涤剂一般由表面活性剂、洗涤助剂和添加剂组成，表面活性剂具有良好的去污能力，还有柔软、杀菌、抗静电的优良性能；洗涤助剂使表面活性剂的去污能力提高；添加剂与污垢的结合力强，并分散在水中，防止污垢与纤维接触而造成再污染。玻璃仪器经擦洗后，用自来水冲掉去污粉颗粒，再用去离子水冲洗，除去自来水中的钙离子、镁离子、铁离子、氯离子等。洗涤时，应遵循少量多次的原则，一般以 3 次为宜。

将清洗干净的仪器倒置，使仪器中存留的水完全流尽，不留水珠和油花。若仪器出现水珠或油花，应当重新洗涤。洗净的仪器不能用纸或抹布擦干，以免将脏物或纤维留在器壁上。

2. 铬酸洗液清洗

测定管、移液管、容量瓶等具有精确刻度的仪器，常用铬酸洗液浸泡约 15min，再用自来水冲净残留的洗液，最后用去离子水润洗 2~3 次。

铬酸洗液的配制：在台秤上称取 5g 工业纯 $K_2Cr_2O_7$（或 $Na_2Cr_2O_7$）置于 500mL 烧杯中，先用少许去离子水溶解，不断搅动，慢慢注入 100mL 浓硫酸（工业纯），待 $K_2Cr_2O_7$ 全部溶解并冷却后，将其保存于带磨口的试剂瓶中。

所配铬酸洗液为暗红色液体，因浓硫酸易吸水，用后应将磨口玻璃塞子塞好。铬酸洗液有毒，易造成环境污染，故一般能用其他洗涤方法洗涤干净的仪器，尽量不用铬酸洗液。使用铬酸洗液清洗应按以下顺序操作：

（1）用铬酸洗液洗涤前，先用自来水和毛刷洗刷仪器，倾尽水，以免将洗液稀释而降低洗涤效果。若无还原性物质存在，则可直接用铬酸洗液清洗。

（2）铬酸洗液可以反复使用，当洗液变为绿色而失效时，可倒入废液桶中。注意不能倒入下水道，以免腐蚀金属管道并造成环境污染。

（3）用铬酸洗液洗涤过的仪器，应先用自来水冲净，再用去离子水润洗内壁。

铬酸洗液为强氧化剂，腐蚀性强，使用时特别注意不要溅到皮肤或衣物上。被 MnO_2 沾污的器皿，用铬酸洗液是无效的，此时可用草酸等还原剂洗去污垢。

光度法中所用比色皿是由光学玻璃制成的，不能用毛刷刷洗。通常视沾污情况，先用铬酸洗液、HCl－乙醇、合成洗涤剂等洗涤，再用自来水冲洗净，最后用去离子水润洗 2~3 次。

3. 其他溶剂清洗

（1）NaOH－$KMnO_4$ 水溶液。称取 10g $KMnO_4$ 放入 250mL 烧杯中，加入少量水使之溶解，再慢慢加入 100mL 10% NaOH 溶液，混匀即可使用。该混合液适用于洗涤油污及有机物，洗涤后在器皿中留下的 $MnO_2 \cdot nH_2O$ 沉淀物可用 HCl＋$NaNO_2$ 混合液或热草酸溶液等洗去。

（2）KOH－乙醇溶液（1∶1）。适于洗涤被油脂或某些有机物沾污的器皿。

（3）HNO_3－乙醇溶液（1∶1）。适于洗涤被油脂或有机物沾污的酸式滴定管，盖住滴定管管口，利用反应所产生的氧化氮洗涤滴定管。

（二）化学试剂的规格和取用

大气污染控制工程实验中，需要使用各种化学试剂来检测和分析污染物。化学试剂按纯度分为若干等级（表 2－1）。高纯试剂用于特殊分析，如光谱纯试剂，是以光谱分析时出现的干扰谱线强度大小来衡量的；色谱纯试剂，是在最高灵敏度下以 10^{-10} g 无杂质峰来表示的；放射化学纯试剂，是以放射性测定时出现干扰的核辐射强度来衡量的；MOS 试剂，金属－氧化物－硅或金属－氧化物－半导体试剂的简称，是电子工业专用化学试剂。

表 2－1　化学试剂的规格和适用范围

等级	名称	英文名称	符号	适用范围	标签标志
一级品	优级纯	Guarantee Reagent	GR	纯度很高，适用于精密分析工作	绿色
二级品	分析纯	Analytical Reagent	AR	纯度仅次于一级品，适用于多数分析工作	红色
三级品	化学纯	Chemically Pure	CP	纯度次于二级品，适用于一般化学实验	蓝色
四级品	实验试剂	Laboratorial Reagent	LR	纯度较低，适合作为实验辅助试剂	棕色
五级品	生物试剂	Biological Reagent	BR		咖啡色或黄色

试剂取用原则为保证质量准确，保证试剂的纯度，取用过程不受污染。

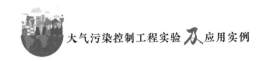

1. 固体试剂的取用

固体试剂一般装在广口瓶内，$AgNO_3$、$KMnO_4$ 等见光易分解的试剂装在棕色广口瓶中。使用洁净的药品匙取固体试剂，药品匙不能混用，实验后洗净、晾干，下次再用，避免沾污药品。要严格按量取用药品，多取试剂不仅浪费，还会影响实验效果。如果多取，可放在指定容器内或给他人使用，不许倒回原试剂瓶中。需要称量的固体试剂，可放在称量纸上称量。对于具有腐蚀性、强氧化性、易潮解的固体试剂，要用小烧杯、称量瓶、表面皿等装载后进行称量。根据称量精确度的要求，可分别选择台秤和天平称。用称量瓶称量时，可用减量法操作。

2. 液体试剂的取用

液体试剂装在细口瓶或滴瓶内，试剂瓶上有明确的名称、浓度标签。从滴瓶中取试剂时，应先提起滴管离开液面，捏瘪胶帽后赶出空气，再插入溶液中吸取试剂，不要在插入溶液中捏胶帽赶空气，使溶液冒泡；滴加溶液时，滴管要垂直，这样滴入液滴的体积才能准确；滴管口应距接收容器口（如试管口）0.5cm 左右，以免与器壁接触沾染其他试剂，使滴瓶内试剂受到污染。若要从滴瓶取出较多溶液，可直接倾倒。先排除滴管内的液体，然后把滴管夹在食指和中指间倒出所需量试剂。滴管不能倒持，以防试剂腐蚀胶帽使试剂变质。不能用自己的滴管取公用试剂，若试剂瓶不带滴管又需取少量试剂，则可把试剂按需要量倒入小试管中，再用自己的滴管取用。

从细口瓶中取用试剂时，要用倾注法取用。先将瓶塞反放在桌面上。倾倒时，瓶身的标签要朝向手心，以免瓶口残留的少量液体顺瓶壁流下而腐蚀标签。瓶口靠紧容器，使倒出的试剂沿玻璃棒或器壁流下。倒出需要量后，慢慢竖起试剂瓶，使流出的试剂都流入容器中，一旦有试剂流到瓶外，要立即擦净。切记不允许试剂沾染标签。要准确量取溶液，可根据准确度和量的要求，选用量筒、移液管或滴定管等来量取。

（三）气体样本的采集与保存

在大气污染控制工程实验中，气体样本的采集与保存尤为重要，采样方法不正确或不规范，即使操作者再细心、实验室分析再精确、实验室的质量保证和质量控制再严格，也不会得出准确的测定结果。采样的原则是：样品必须均匀，有代表性；必须保持样品原有的稳定性。

根据气体样本中所测污染物的不同性质（污染物分为气态、气溶胶态和混合态），样品的采集与保存有所不同。

1. 气态污染物采样方法

（1）直接采样法。

适用于大气中被测组分浓度高或所用分析方法灵敏度较高的情况，直接采取少量样本就可以满足分析需要。

注射器采样：在现场直接用 100mL 注射器连接一个三通活塞抽取空气样本，密封进样口，带回实验室分析。采样时，先用现场空气抽洗 3~5 次，然后抽样，将注射器进气口朝下，垂直放置，使注射器内压力略大于大气压。

塑料袋采样：用一种与所采集的污染物既不起化学反应，也不吸附、不渗漏的塑料袋。使用前进行气密性检查，充足气后，密封进气口，将其置于水中，不冒气泡即达到气密性要求。使用时，用现场空气冲洗 3~5 次后再充进现场空气，夹封装口，带回实验室分析。此法经济、轻便，使用前要先对塑料袋进行样本稳定性实验。

固定容器法：适用于采集少量空气样本。具体方法有两种：一是将真空采气瓶抽真空至 133Pa 左右，若瓶中事先装好吸收液，可抽至溶液冒泡为止，将真空采气瓶携带至现场，打开瓶塞，被测空气即充进瓶中。关闭瓶塞，带回实验室分析，采气体积即为真空采气瓶的体积。也可将真空采气瓶抽真空后拉封，到现场后从断痕处折断，空气即充进瓶内，完成后盖上橡皮帽，带回实验室分析。二是使用采气管通过置换法采集被测空气。在现场用二联球打气，使通过采气管的空气量至少为管体积的 6~10 倍，完全置换采气管中原有的空气，然后封闭两端管口，带回实验室分析，采样体积即为采气管容积。

（2）动力式采样法。

大气中污染物含量往往很低，需要采用一定的方法将大量空气样本进行浓缩，使之满足分析方法灵敏度的要求，动力式采样法适应这种需求。具体操作为：采用抽气泵抽取空气，将空气样本通过收集器中的吸收介质，使气体污染物浓缩在吸收介质中，从而达到浓缩采样的目的。根据吸收介质的不同，可以分为溶液吸收法、填充柱采样法、低温冷凝浓缩法等。动力式采样法的采样时间一般较长，测得结果代表采样时段的平均浓度，更能反映大气污染的真实情况。

①溶液吸收法。采用一个气体吸收管，内装吸收液，后接抽气装置，以一定的气体流量通过吸收管抽入空气样本，当空气通过吸收液时，被测组分被吸收在溶液中。取样后采集吸收液，分析其中被测物的含量，根据测得结果及采样体积计算大气中污染物的真实浓度。吸收液按照一定原则进行筛选，关键是被采集物质的溶解度大、化学反应速率快、污染物在其中有足够的稳定时间。

吸收液的选择原则是：与被采集物质发生化学反应的速度快或对其溶解度大；污染物质被吸收液吸收后，要有足够的稳定时间，以满足分析测定所需时间的要求；污染物质被吸收后，应有利于下一步分析测定，最好能直接用于测定；吸收液毒性小、价格低、易于购买，且尽可能回收利用。

气体吸收管的类型有多种形式：一是气泡吸收管，可装 5~10mL 吸收液，采样流量为 0.5~2.0L/min，适用于采集气态和蒸气态物质。二是冲击式吸收管，可装 5~10mL 吸收液，采样流量为 3.0L/min（小型）；可装 50~100mL 吸收液，采样流量为 30L/min（大型）。三是多孔筛板吸收管（瓶），多孔筛板吸收管可装 5~10mL 吸收液，采样流量为 0.1~1.0L/min；多孔筛板吸收瓶有两种，装 10~30mL 吸收液，采样流量为 0.5~2.0L/min（小型），装 50~100mL 吸收液，采样流量为 30L/min（大型）。气样通过多孔筛板吸收管（瓶）的筛板后，被分散成很小的气泡，且阻留时间长，增大了气液接触面积，提高了吸收效果。

使用溶液吸收法时，应注意以下几个问题：

a. 当采气流量一定时，为使气液接触面积增大，提高吸收效率，应尽可能地使气泡直径变小，液体高度增大，尖嘴部的气泡速度降低。但不宜过度，否则管路内压增加，无法采样。建议通过试验测定实际吸收效率来进行选择。

b. 由于加工工艺等问题，应对吸收管的吸收效率进行检查，选择吸收效率为 90%以上的吸收管，尤其是使用气泡吸收管和冲击式吸收管时更要注意。

c. 新购置的吸收管要进行气密性检查，方法为：将吸收管内装适量的水，接至抽气瓶上，两个水瓶的水面差为 1m，密封进气口，抽气至吸收管内无气泡出现，待抽气瓶水面稳定后，静置 10min，抽气瓶水面应无明显降低。

d. 部分方法的吸收液或吸收待测污染物后的溶液稳定性较差，易被空气氧化、日光照射而分解或随现场温度的变化而分解。应严格按照操作规程采取密封、避光或恒温采样等措施，并尽快分析。

e. 吸收管路的内压不宜过大或过小，可能的话要进行阻力测试。采样时，吸收管要垂直放置。

f. 现场采样时，要注意观察不能有泡沫抽出。采样后，用样品溶液洗涤进气口内壁 3 次，再倒出分析。

②填充柱采样法。

采用一个内径为 3~5cm、长为 5~10cm 的玻璃管，内装颗粒物或纤维状固体填充剂。空气样本被抽过填充柱时，被测组分因吸附、溶解或化学反应作用阻留在填充剂上。采样后，通过解吸或溶剂洗脱，使被测组分从填充剂上释放出来进行测定。根据填充剂阻留作用的原理，可分为吸附型填充柱、分配型填充柱和反应型填充柱。

吸附型填充柱。填充剂是颗粒状固体吸附剂，如活性炭、硅胶、分子筛、高分子多孔微球等。

分配型填充柱。填充剂是表面涂高沸点有机溶剂（如异十三烷）的惰性多孔颗粒物（如硅藻土），类似气液色谱柱中的固定相，只是有机溶剂的用量比色谱固定相大。

反应型填充柱。由惰性多孔颗粒物（如石英砂、玻璃微球等）或纤维状物（如滤纸、玻璃棉等）表面涂渍能与被测组分发生化学反应的试剂制成。

使用填充柱时，应注意以下几个问题：

a. 可以长时间采样，可用于空气中污染物日平均浓度的测定。溶液吸收法因吸收液在采气过程中有液体蒸发损失，一般情况下不宜进行长时间采样。

b. 选择合适的固体填充剂对蒸气和气溶胶都有较好的采样效率。溶液吸收法对气溶胶往往采样效率不高。

c. 污染物浓缩在填充剂上的稳定时间一般都比吸收在溶液中要长得多，有时可放几天，甚至几周。

d. 在现场，填充柱采样法比溶液吸收法方便得多，样品发生再污染、洒漏的机会少得多。

e. 填充柱的吸附效率受温度等因素的影响较大，一般温度升高，最大采样体积将会减少。水分和二氧化碳的浓度较待测组分大得多，用填充柱采样时要特别留意对它们的影响，尤其是湿度的影响，必要时可在采样管前接一个干燥管。

f. 为了检查填充柱采样管的采样效率，可在一根管内分前、后段填装滤料，如前段填装 100mg，后段填装 50mg，中间用玻璃棉相隔。前段采样管的采样效率应在 90%

以上。

③低温冷凝浓缩法。

基于大气中某些沸点较低的气态物质在常温下用固体吸附剂很难完全被阻留的特点，应用制冷剂使其冷凝下来，浓缩效果较好。低温冷凝浓缩法是将"U"形或蛇形采样管插入冷阱中，当大气流经采样管时，被测组分因冷凝而凝结在采样管底部。常用的冷凝剂有冰−盐水（−10℃）、干冰−乙醇（−72℃）、液氧（−183℃）、液氮（−196℃）以及半导体制冷器等。在应用低温冷凝法浓缩空气样品时，在进样口需接某种干燥管（如内填过氯酸镁、烧碱石棉、氢氧化钾或氯化钙等的干燥管），以去除空气中的水分和二氧化碳，避免在管路中同时冷凝，解析时与污染物同时气化，增大气化体积，降低浓缩　果。如用气相色谱法测定，可将采样管与仪器进气口连接，移去冷阱，在常温或加热情况下气化，进入仪器测定。

（3）被动式采样法。

基于气体分子扩散或渗透原理采集空气中气态或蒸气态污染物的一种采样方法。由于它不用任何电源和抽气动力，又称无泵采样器。这种采样器体积小，非常轻便，可制成一支钢笔或一枚徽章大小，用作个体接触剂量评价的监测，也可放在待测场所，连续采样，间接用作环境空气质量评价的监测。目前，常用于室内空气污染和个体接触剂量的评价监测。

2. 气溶胶（烟雾）采样方法

气溶胶采样方法主要有沉降法和滤料法。

（1）沉降法。

主要有自然沉降法和静电沉降法。

①自然沉降法。利用颗粒物受重力场作用，沉降在一个敞开的容器中，适用于较大粒径（>30μm）颗粒物的测定，如测定大气降尘。测定时，将容器置于采样点，采集空气中的降尘，采样后用重量法测定降尘量，并用化学分析法测定降尘中的组分含量，结果用单位面积、单位时间内从大气中自然沉降的颗粒物质量表示。自然沉降法较简便，但受环境气象条件影响，误差较大。

②静电沉降法。主要利用电晕放电产生离子附着在颗粒物上，在电场作用下使带电颗粒物沉降在极性相反的收集极上。静电沉降法收集效率高，无阻力。采样后取下收集极表面沉降物质，供分析用。不宜用于易爆场合，以免发生危险。

（2）滤料法。

通过抽气泵抽入空气，空气中的悬浮颗粒物被阻留在滤料上，滤料采集空气中的气溶胶颗粒物是基于直接阻截、惯性碰撞、扩散沉降、静电引力和重力沉降等作用。分析滤料上被浓缩的污染物的含量，再除以采样体积，即可计算出空气中的污染物　浓度。滤料法根据滤料切割器和采样速度等不同，分别用于采集空气中不同粒径的颗粒物。空气中同时并存大小不等的颗粒物，当采样速度一定时，就可能使一部分粒径小的颗粒物采集效率偏低。此外，在采样过程中，还可能发生颗粒物从滤料上弹回吹走的现象。常用滤料的优缺点和适用情况见表2−2。

表 2-2　滤料法和滤料一览表

滤料	优点	缺点	适用情况
定量滤纸	价格便宜，灰分少，纯度高，机械强度大，不易破裂	抽气阻力大，孔隙有时不均匀	适用于金属尘粒采样，由于吸水性较大，不宜用重量法测定悬浮颗粒
玻璃纤维滤纸	吸水性小，耐高温，阻力小	价格昂贵，机械强度差	适用于采集大气中悬浮颗粒物，但由于有些玻璃纤维滤纸的某些元素本底含量高，使其用作某些元素分析时受到限制
合成纤维滤料	对气流阻力和吸水性能小，采样效率高，可以用乙酸丁酯等有机溶剂溶解	机械强度差，需要用采样夹固定	广泛用于悬浮颗粒物采样，测定多环芳烃化合物时，不宜选用有机滤料
微孔滤膜和直孔滤膜	质量轻，含杂质少，可溶于多种有机溶剂，颗粒绝大部分收集在表层，不需要转移步骤即可分析	尘粒沉积在表面后，阻力迅速增加，收集物易脱落	适用于悬浮颗粒物采样
银膜	孔径一致，结构牢固，可耐化学腐蚀	价格昂贵	特殊情况时用银膜采集空气样本

3. 混合污染物采样方法

大气污染控制工程实验所需要的气体样本往往不是单一的形态，经常会出现气态和气溶胶共存的状况。综合采样法是针对混合污染物设计的，其基本原理是使颗粒物通过滤料截留，在滤料后安置吸收装置来吸收通过的气体。由于采样流量受到后续气体吸收的制约，故在具体操作中针对不同的采样要求进行一定改变。具体有以下几种方法。

（1）浸渍试剂滤料法。

将某种化学试剂浸渍在滤纸或滤膜上，作为采样滤料，在采样中，空气中污染物与滤料上的试剂迅速起化学反应，从而将以气态或蒸气态存在的被测物有效收集下来。用这种方法可在一定程度上避免滤料用于采集颗粒物时气态物质逃逸的情况，并能同时将气态和颗粒物质一并采集，效率较高。

（2）泡沫塑料采样法。

聚氨基甲酸酯泡沫塑料比表面积大，通气阻力小，适用于较大流量采样，常用于采集半挥发性污染物，如杀虫剂和农药。采集过程中，可吸入颗粒物采集在玻璃纤维纸上，蒸气态污染物采集在泡沫塑料上。泡沫塑料在使用前根据需要进行处理，一般方法为先用 NaOH 溶液煮沸 10min，再用蒸馏水洗至中性，在空气中干燥。若采样后需要用有机溶剂提取被测物，应将塑料泡沫放在索氏提取器中，用正己烷等有机溶剂提取 4~8h，挤尽溶剂后在空气中挥发残留溶剂，必要时在 60℃ 的干燥箱内干燥。处理好后，需在密闭瓶中保存，使用后洗净可以重复使用。

（3）多层滤料法。

用两层或三层滤料串联组成一个滤料组合体。第一层用玻璃纤维滤纸或其他有机合成纤维滤料，采集颗粒物；第二或第三层可用浸渍试剂滤纸，采集通过第一层的气体污染物成分。

（4）环形扩散管和滤料组合采样法。

针对多层滤料法中气体通过第一层滤料时气体吸附或反应而造成的损失问题，提出环形扩散管和滤料组合采样法。此方法的原理是：气体通过扩散管时，由于扩散系数增大，很快扩散到管壁上，被管壁上的吸收液吸收。颗粒物由于扩散系数较小，受惯性作用随气流穿过扩散管并采集到后面的滤料上。此方法克服了气体污染物被颗粒物吸附或与之反应造成的损失，但是环形扩散管的设计和加工以及内壁涂层要求很高。

4．现场采样质量保证

（1）采样管的制备、吸附剂的活化和空白检验规范有效。

（2）确定安全采样体积和采样效率。实际采样体积不能超过阻留最弱的化合物安全采样体积。采样效率要求达到90％以上。

（3）现场采样的代表性，包括选点的要求以及采样时间和频率等。

（4）采样器气密性检查和流量校正。采样前，应对采样系统进行检查，不得漏气。用皂沫流量计校正采样前和采样后的流量相对误差小于5％。

（5）平行采样。两个平行样品测定值之差与平均值比较的相对偏差不超过20％。

（6）空白管检验。在一批现场采样中，应有两个采样管不采样，作为空白检验。若空白管检验超过控制范围，则这批样品作废。

（7）样品运输和保存。采样后，封闭采样管的两端，装入可密封的金属管或玻璃管中保存。

（8）将采样体积换算成标准状况下的采样体积。

5．气体样本的保存

气体样本采集后应尽快送至实验室分析，以保证样本的代表性。在运送过程中，应保证气体样本的密封，防止不必要的干扰。由于样本采集后往往要放置一段时间才能分析，所以要求采样器在放置过程中使样本能够保持稳定性，尤其采集活泼性较大的污染物及吸收剂不稳定的采样器。

采样器的稳定性测定实验为：将3组采样器按每组10个暴露在被测物浓度为1S或5S（S为被测物卫生标准容许浓度值）、相对湿度为80％的环境中，暴露时间为推荐最大采样时间的一半。第一组在暴露后当天分析；第二组放在冰箱中（5℃）至少2周后分析；第三组放在室温（25℃）1周或2周后分析。如果第二组或第三组与当天分析组（第一组）的平均测定值之差在95％概率的置信度小于10％，则认为样本在放置时间内是稳定的。如果要观察样本在暴露过程中的稳定性，则可以将标准样本加到吸收层上，在清洁空气中晾干后分成两组，第一组立即分析，另一组在室温下至少放置推荐最大采样时间或更长时间（如1周）后再分析，将结果与第一组结果进行比较，以评价采样器在室温下暴露过程和放置期间的稳定性。要求采样器所采用的样本在暴露过程中是稳定的，并有足够的放置稳定时间。

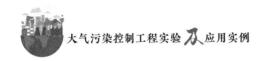

（四）样品的解吸

1. 溶剂解吸

采集在吸附剂上的样品可用溶剂解吸，通常溶剂需要先提纯，消除杂峰，选择的溶剂应不易挥发，无毒或低毒性，对环境和一体健康影响小。

2. 热解吸

气相色谱有填充柱和毛细管柱之分，与之配合使用的热解吸也有两种工作方式，即一次热解吸和二次热解吸。

（1）一次热解吸。

一次热解吸是将采有样品的吸附管迅速加热，通入载气将被测物吹进色谱柱。采用这种方式，即使升温速率很快，由于吸附剂量在 0.2~0.5g，挥发性被测物由载气吹出所占空间也有几毫升，能与填充柱进样体积相匹配。

我国生产的一次热解吸进样器有两种：一种是封闭加热解吸，然后切换载气，吹进气相色谱仪分析；另一种是在热解吸过程中，用 100mL 注射器收集热解吸气样，然后取 1~5mL 热解吸气样进气相色谱仪分析。

（2）二次热解吸。

二次热解吸是连接毛细管柱使用的。毛细管柱能承受的气体进样体积小于 0.5mL，只有将一次热解吸气样于低温下吸附在体积更小、用量更少、吸附能力更弱的二次浓缩管上，再将二次浓缩管急速加热，使被测物由载气吹出所占空间大大缩减，才可以与毛细管柱进样体积相匹配。这种经过两次解吸的过程称为二次热解吸。

二次热解吸进样器价格昂贵，也有采用一次热解吸方式，在进样口加大分流来匹配毛细管柱，或者取 0.5~1.0mL 一次热解吸气样直接注入进样口。这样可以省去第二次热解吸装置。但由于分流作用，所取样品量太少，可能达不到预定的浓缩采样效果。

（五）样品预处理

大气样品种类繁多，其组成、浓度、物理形态等均是影响分析测定的因素。样品预处理是提高分析测定效率、改善和优化分析方法的重要环节。通常样品预处理所用时间远大于分析测定时间，占分析的消耗总成本最大，是影响实验结果的最重要因素。

1. 样品预处理的目的

（1）除去微粒。

（2）减少干扰杂质。

（3）浓缩微量的组分。

（4）提高检测的灵敏度及选择性。

（5）改善分离的效果。

（6）有利于色谱柱及仪器的保护。

2. 样品预处理的原则

（1）样品中可能存在的物质组成和浓度水平。

（2）样品中的主要组分。

（3）采样方法是非破坏性的还是破坏性的。

（4）收集的样品必须有代表性。

（5）采用方法必须和分析目的保持一致。

（6）样品制备过程中尽可能地防止和避免待测定组分发生化学变化或丢失。

（7）样品处理中，若进行待测定组分的化学反应，则反应应该是已知和定量完成的。

（8）样品制备过程中，要防止和避免待测定组分受到污染，减少无关化合物引入制备过程。

（9）处理过程应简单易行，所用样品处理装置的尺寸应与处理样品的量相适应。

（10）采用后应尽可能快地进行样品制备和分析，或使用适当方法消除可能产生的干扰，做好样品的保存。

3. 样品预处理常用方法

①高速离心。

②过滤、超滤。

③选择性沉淀。

④萃取，液－固萃取/液－液萃取。

⑤索氏抽提。

⑥衍生反应。

⑦加速溶剂萃取。

⑧浓缩样品。

4. 样品预处理新技术

预处理新技术有如下特点：

（1）固相萃取（SPE）：所需样本量少，避免了乳化现象，回收率高，重现性好，且便于自动化操作，采用商品化小柱，价格昂贵。

（2）超临界流体萃取（SEF）：耗时短，选择性好，易与多种分析仪器连用实现自动化分析。

（3）微波辅助萃取（MAE）：萃取时间短，溶剂用量少，可根据吸收微波的能力选择不同的萃取溶剂，实现多个样品同时萃取，动态 MAE 装置易于自动化。

（4）加压液体萃取（PLE）：溶剂用量少，萃取时间短，回收率、精度与索氏提取相当。

（5）亚临界水萃取（SWE）：对中等极性和非极性化合物溶解度高，快速有效。

（6）浊点萃取（CPE）：操作步骤简单，无须专门仪器，应用广，效率高，不使用有机溶剂等。

（六）实验室分析质量控制

（1）实验确定样品解吸和仪器分析的最佳条件。

（2）标准样品和仪器校正。

①标准样品。分为液体标样和气体标样。气体标样有高压钢瓶气体和扩散管气体两

种方式，前者气体浓度较高，应用时需要定量稀释；后者是动态配气，需要动态配气装置。

②仪器校正。用配制的标准溶液或标准气体制作测定范围内的标准曲线，一般做6个浓度点（包括零浓度点）。零浓度点的空白值和标准曲线的斜率需要经常检验，达到实验室分析质量控制的要求。

（3）解吸效率和加标回收率。做高、中、低三个浓度点的实验，加标回收率要求达到90%以上。

（4）做空白管和标样管的质量控制图，保证常规样品测定结果控制在容许范围之内。

（七）实验室常识

（1）挪动干净玻璃仪器时，勿使手指接触仪器内部。

（2）量瓶是量器，不要用量瓶作盛器。带有磨口玻璃塞的量瓶等仪器的塞子不要盖错。带玻璃塞的仪器和玻璃瓶等，如果暂时不使用，要用纸条把瓶塞和瓶口隔开。

（3）洗净的仪器要放在架子上或干净纱布上晾干，不能用抹布擦拭，更不能用抹布擦拭仪器内壁。

（4）除微生物实验操作要求外，不要用棉花代替橡皮塞或木塞堵瓶口或试管口。

（5）不要用纸片覆盖烧杯和锥形瓶等。

（6）不要用滤纸称量药品，更不能用滤纸做记录。

（7）不要用石蜡封闭精细药品的瓶口，以免掺混。

（8）标签纸的大小应与容器相称，或用大小相当的白纸，绝对不能用滤纸。标签上要写明物质的名称、规格和浓度，以及配制日期及配制人。标签应贴在试剂瓶或烧杯的2/3处，试管等细长形容器则贴在上部。

（9）使用铅笔写标记时，要在玻璃仪器的磨砂玻璃处。若用玻璃蜡笔或水不溶性油漆笔，则写在玻璃容器的光滑面上。

（10）取用试剂和标准溶液后，需立即将瓶口塞严，放回原处。取出的试剂和标准溶液，若未用尽，切勿倒回瓶内，以免带入杂质。

（11）凡是发生烟雾、有毒气体和有臭味气体的实验，均应在通风橱内进行。橱门应紧闭，非必要时不能打开。

（12）使用贵重仪器（如分析天平、比色计、分光光度计、酸度计、冰冻离心机、层析设备等）时，应十分重视，加倍爱护。使用前，应熟知使用方法。若有问题，随时请指导实验的教师解答。使用时，要严格遵守操作规程。发生故障时，应立即关闭仪器，并告知管理人员，不得擅自拆修。

（13）一般容量仪器的容积都是在20℃下校准的。使用时若温度差异在5℃以内，容积改变不大，可以忽略不计。

二、实验室安全

（一）大气污染控制工程实验规则

实验室是进行科学研究的场所，大气污染控制工程实验有易燃、易爆、有腐蚀性或有毒试剂和药品，实验前应充分了解实验室规则，实验时要重视安全问题，集中注意力，遵守操作规程，避免事故发生。

（1）进入实验室应保持整洁和安静。禁止在实验室内大声喧哗、追逐嬉戏、随地吐痰；禁止赤足、穿拖鞋进入实验室；实验室内严禁吸烟、进食。

（2）进入实验室首先熟悉水龙头、电闸的位置和操作方法，以及灭火栓的使用方法。注意节约用水、电、气、油和化学药品等。爱护仪器、实验设备及实验室其他设施。

（3）启用加热设备时，注意被加热物（如液体等）是否溅出，以免受到伤害。嗅闻气体时，应用手向自己的方向轻拂气体。使用电气设备时，不要用湿手接触电插销，以防触电。

（4）浓酸、浓碱具有强腐蚀性，切勿溅在衣服、皮肤上，尤其勿溅到眼睛上。稀释浓硫酸时，应将浓硫酸慢慢倒入水中，而不能将水倒入浓硫酸中，以免迸溅。

（5）实验室常用的溶剂，如乙醚、乙醇、丙酮、苯等有机易燃物质，在安放和使用时，必须远离明火，取用完毕后应立即盖紧瓶塞或瓶盖。

（6）能产生有刺激性或有毒气体的实验，应在通风橱内（或通风处）进行。

（7）有毒药品（如重铬酸钾、钡盐、铅盐、砷化合物、汞化合物、氰化物等）不得进入口内或接触伤口，不能将有毒药品随便倒入下水管道。

（8）实验完毕，应洗净双手后才可离开实验室。

（9）实验室的仪器和药品未经教师准许，不能带出实验室。因操作不慎等原因损坏仪器、设备，应上报登记；因违规操作造成仪器、设备损坏，根据情节的轻重和态度由指导教师会同实验室负责人，按仪器、设备的价值酌情折价赔偿；情节严重、损失较大者，上报学校进行处理。

（10）剧毒药品的领取、使用和保管要按照相关药品管理规定执行。

（二）学生实验守则

（1）实验前应认真做好预习，明确实验目的，了解实验内容及注意事项，写出预习报告。

（2）做好实验前的准备工作，清点仪器，若发现缺损，应报告指导教师按规定向实验员从准备室补领。未经指导教师同意，不得随意移动或拿走仪器设备。

（3）实验时保持肃静，思想集中，认真操作，仔细观察现象，积极思考问题，做好记录。

（4）保持实验室和台面清洁、整齐，废纸屑、废液、废金属屑等废物应存放于指定

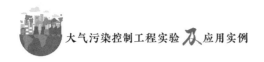

地方，不能随手乱扔，更不能倒入水槽，以免水槽或下水道堵塞、腐蚀或发生意外。

（5）爱护国家财物，小心正确地使用仪器和设备，注意安全，节约水、电、气、油和化学药品。使用精密仪器时，必须严格按照操作规程进行，若发现故障，应立即停止使用，并及时报告指导教师。实验药品应按规定取用，取用药品后，应立即盖上瓶塞，以免弄错而沾污药品。放在指定位置的药品不得擅自拿走，瓶中取出的药品不能再倒回原瓶中。

（6）实验完毕后，将玻璃仪器清洗干净并放回原处，整理好桌面，经指导教师批准后方可离开。

（7）每次实验后，由学生轮流值日，负责整理公用药品、仪器，打扫实验室卫生，清理实验后的废物，检查水、电、气开关是否关闭，关好门窗。

（8）实验室内的一切物品（包括仪器、药品、产物等）不得带离实验室。

（三）实验室安全知识和意外事故处理

"安全第一，预防为主"，这是安全生产的方针，它保证有一个安全、整洁的实验环境，保护学生和实验室人员的安全和健康，使实验和科研工作能够正常有序地开展。学生必须不断提高安全意识，掌握丰富的安全知识，严格遵守操作规程和规章制度，时刻保持高度警惕性，避免事故发生。

学生进入大气污染控制工程实验室，要首先阅读《实验室安全守则和规章制度》和《实验室操作规程》。学生必须熟悉实验室安全知识，牢记实验室操作规范与守则，确保安全第一。

（四）实验室危险性类型

1. 火灾爆炸危险性

实验室可能会使用易燃易爆物品、高压气体钢瓶、低温液化气体、减压系统（真空干燥、蒸馏等），如果处理不当，操作失灵，再遇上高温、明火、撞击、容器破裂或未遵守安全防护要求，往往会酿成火灾爆炸事故，轻则造成人身伤害、仪器设备破损，重则造成人员伤亡、房屋损毁。

实验室常见易燃易爆物质主要有以下几类：

（1）易燃易爆液体，如苯、甲苯、乙醇、石油醚、丙酮等。

（2）易燃易爆固体，如钾、钠等轻金属。

（3）强氧化剂，如硝酸铵、硝酸钾、高氯酸、过氧化钠、过氧化物等。

（4）压缩及液化气体，如 H_2、C_2H_2、液化石油气等。

2. 有毒物质的危险性

实验室经常使用各种有机溶剂，不仅易燃易爆，而且有毒。在有些实验中，由于化学反应也产生有毒气体，如果不注意，则会有引起中毒的可能性。有毒物质参与或有毒物质产生的实验必须在通风橱里进行操作。

3. 触电危险性

实验室离不开电气设备，学生应懂得如何预防触电事故或由于使用非防爆电器产生电火花引起的爆炸事故。

4. 机械伤害危险性

实验室经常用到玻璃器皿，如割断玻璃管、胶塞打孔、用玻璃管连接胶管等操作。制作者疏忽大意或思想不集中，可能造成皮肤创伤、手指割伤等。

5. 放射线危险性

从事放射性物质分析及 X 射线衍射分析的人员很可能受到放射性物质及 X 射线的伤害，因此必须认真防护，避免放射性物质侵入和污染人体。

（五）化学药品的储藏与保管

（1）所有化学药品容器都应贴上清晰的永久标签，以标明内容物及潜在危险。

（2）所有化学药品都应具备物品安全数据清单（MSDS）。

（3）对于在储藏过程中不稳定或形成过氧化物的化学药品加注特别标记。

（4）化学药品储藏的高度应合适，通风橱内不得储存化学药品。

（5）装有腐蚀性液体的容器储藏位置应当尽可能低，并加垫收集盘。

（6）将腐蚀性化学品、毒性化学品、有机过氧化物、易自燃和放射性物质分开储藏，并在标签上标明购买日期，不得储存大量易燃溶剂，用多少领多少，以防化学品相互作用，产生有毒烟雾，发生火灾，甚至爆炸。这类药品包括漂白剂、硝酸、高氯酸和过氧化氢等。

（7）挥发性和毒性物品需要特殊储藏，密闭容器的盖子。未经允许实验室不得储存剧毒药品。

（六）压缩气体和气体钢瓶的使用规定

（1）压缩气体属一级危险品，包括永久气体（第一类）、液化气体（第二类）和溶解气体（第三类）。

（2）必须按照规定限制存放在实验室的钢瓶数量和压缩气体容量，实验室内严禁存放氢气。

（3）压缩气体钢瓶应当直立放置，确保单独靠放实验台或墙壁，并用铁索固定以防倾倒，压缩气体钢瓶应当远离热源、腐蚀性材料和潜在冲击，当气体用完或不再使用时，应将钢瓶立即退还给供应商，钢瓶转运应使用钢瓶推车并保持直立，同时关紧阀门并卸掉调节器。

（4）压缩气体钢瓶必须在阀门和调节器完好无损的情况下和通风良好的场所使用，涉及有毒气体应增加局部通风。

（5）压力表与减压阀不可粘上油污。

（6）打开减压阀前应当擦净钢瓶阀门出口的水和尘灰。

（7）检查减压阀是否有泄漏或损坏，钢瓶内保存适当余气。

（8）钢瓶表面要有清楚的标签，注明气体名称。

（9）每次用过气体，将钢瓶主阀关闭并释放减压阀内过剩的压力。

（七）废弃物的回收和处理

1. 固体废物

除非固体是有毒性的或是极易回收的，一般均放入指定的盛放没有危险性废弃物的容器里。毒性废弃物应放入有特别标志的容器里，一些特殊的有毒化学试剂在丢弃前应当经过适当处理以减小其毒性。水溶性废弃物

无毒的、中性的、无味道的水溶性物质可以直接倒入水槽流入下水道。强酸性或者强碱性物质在丢弃之前应被中和，并且用大量水冲洗干净。任何能够与稀酸或稀碱反应的物质，都不能随便倒入下水道。

2. 有机溶剂

废弃的有机溶剂不应倒入下水道，应倒入贴有标签的专门容器内，统一回收，集中处理，储存容器容量不得超过 10L，需放置在实验室内固定位置。

（八）安全用电

实验室常用的标准插座为 50Hz 220V 的交流电，用电线须按照国际标准的电线套色（表 2-3），配备电器与插座之间的导线务必遵守此标准。

表 2-3　国际标准的电线套色

导线类型	国际标准	原先标准
相线	棕色	红色
零线	蓝色	黑色
地线	绿色/黄色	绿色

实验室用电需注意以下几点：实验室内严禁私拉私接电线；不得超负荷使用电插座；不得在同一电插座上连接多个插座并同时使用多种电器；确保所有的电线设备足以提供所需的电流；不要长期使用接线板。

（九）实验室灭火

1. 实验室灭火措施

（1）首先切断电源，关闭所有加热设备，快速移去附近的可燃物，关闭通风装置，减少空气流通，防止火势蔓延。

（2）立即扑灭火焰，设法隔断空气，使温度下降到可燃物着火点以下。

（3）火势较大时，可用灭火器灭火。常用的灭火器有四种：①二氧化碳灭火器，适用于扑灭电器、油类和酸类火灾，不能扑救钾、钠、镁、铝等物质形成的火灾。②泡沫灭火器，适用于扑灭有机溶剂、油类火灾，不宜扑救电器火灾。③干粉灭火器，适用于扑灭油类、有机物、遇水燃烧物质的火灾。④1211 灭火器，适用于扑灭油类、有机溶剂、精密仪器、文物档案等火灾。

2．实验室灭火注意事项

（1）用水灭火时注意，对于能与水发生猛烈作用的物质失火，不能用水灭火，如金属钠、电石、浓硫酸、五氧化二磷、过氧化物等；对于密度比水小、不溶于水的易燃与可燃液体（如石油烃类化合物和苯类等芳香族化合物）失火燃烧时，禁止用水扑灭；对于溶于水或稍溶于水的易燃物与可燃液体（如醇类、醚类、酯类、酮类）等失火时，可用雾状水、化学泡沫、皂化泡沫等扑灭；对于不溶于水、密度大于水的易燃与可燃液体（如二氧化碳）引起的火灾，可用水扑灭，因为水能浮在液面上将空气隔绝，禁止使用四氯化碳灭火器；对于小面积范围的过火燃烧，可用防火砂覆盖。

（2）电气设备及电线着火时，首先用四氯化碳灭火剂灭火，电源切断后才能用水扑救。严禁在未切断电源前用水或泡沫灭火剂扑救。

（3）回流加热时，若因冷凝效果不好，易燃蒸汽在冷凝器顶端着火，应先切断加热源，再行扑救。绝不可用塞子或其他物品堵住冷凝管口。

（4）若敞口的器皿中发生燃烧，应先尽快切断加热源，设法盖住器皿口，隔绝空气，使火熄灭。

（5）扑灭产生有毒蒸气的火情时，要特别注意防毒。

3．灭火器的维护

（1）灭火器要定期检查，并按规定更换药液。使用后应彻底清洗，并更换损坏的零件。

（2）使用前需检查喷嘴是否畅通，若有阻塞，应用铁丝疏通后再使用，以免造成爆炸。

（3）灭火器一定要固定放在明显的地方，不得任意移动。

（十）实验室意外事故处理

（1）灭火。若因酒精、苯或乙醚等引起着火，应立即用湿布或沙土等扑灭。若遇电气设备着火，必须先切断电源，再用泡沫式灭火器或四氯化碳灭火器灭火。若遇实验人员衣服着火，不可慌张跑动，否则会加强气流流动，使燃烧加剧，应尽快脱下衣服或在地面打滚或跳入水池。火被扑灭后，让病人躺下，保暖，并送医院做进一步治疗。

（2）烫伤。可用高锰酸钾溶液或苦味酸溶液揩洗灼伤处，再搽上烫伤油膏。

（3）酸伤。若强酸溅到眼睛或皮肤上，应立即用大量水冲洗，然后用饱和碳酸氢钠溶液或稀氨水冲洗，再用水冲洗。最后涂上医用凡士林，并送医院做进一步治疗。

（4）碱伤。立即用大量水冲洗，然后用硼酸或醋酸溶液（20g/L）冲洗，再用水冲洗，最后涂上医用凡士林。

（5）割伤。伤口不能用水洗，应立即用药棉擦净伤口，伤口内若有玻璃碎片，需先挑出，再涂上紫药水或红药水、碘酒（注意红药水和碘酒不能同时使用），最后用止血贴或纱布包扎。

（6）触电。应先切断电源，必要时进行人工呼吸。

（7）毒气。若吸入溴蒸气、氯化氢、氯等气体，可立即吸入少量酒精蒸气以解毒；若吸入硫化氢气体，会感到不适或头晕，应立即到室外呼吸新鲜空气。

（8）对伤势较重者，应立即送医院医治，任何延误都可能使治疗变得更加困难。

第三章 固态污染控制实验

实验一 粉尘真密度的测定

一、实验目的

1. 了解测定粉尘真密度的原理
2. 掌握真空法测定粉尘真密度的方法
3. 了解引起真密度测量误差的因素及消除方法

二、实验原理

粉尘的真密度指粉尘的干燥质量与其真体积（总体积与其中空隙所占体积之差）的比值，单位为 g/cm^3。真密度是粉尘重要的物理性质之一，粉尘真密度的大小直接影响粉尘在气体中的沉降或悬浮。在设计选用除尘器、设计粉料的气力输送装置及测定粉尘的质量分散度时，粉尘的真密度都是必不可少的基础数据。

粉尘真密度的测定原理是：先将一定量试样用天平称量（即求质量），然后放入比重瓶中，用液体浸润粉尘，再放入真空干燥器中抽真空，排除粉尘颗粒间隙中的空气，从而得到粉尘试样在真密度条件下的体积。根据质量和体积即可计算得到粉尘的真密度。

设比重瓶的质量为 m_0，容积为 V_0，瓶内充满已知密度为 ρ_L 的液体，则总质量为 m_1：

$$m_1 = m_0 + \rho_L V_0 \tag{3-1-1}$$

当瓶内加入质量为 m_p、体积为 V_p 的粉尘试样后，瓶中减少了 V_i 体积的液体，此时总质量为 m_2：

$$m_2 = m_0 + \rho_L(V_0 - V_i) + m_p \tag{3-1-2}$$

粉尘试样体积 V_p 可根据上述两式表示为：

$$V_p = \frac{m_1 - m_2 + m_p}{\rho_L} \tag{3-1-3}$$

所以，粉尘试样真密度 ρ_p 为：

$$\rho_p = \frac{m_p}{V_p} = \frac{m_p}{m_1 - m_2 + m_p}\rho_L = \frac{m_p}{m_i}\rho_L \tag{3-1-4}$$

式中，m_i 为排出液体的质量，kg 或 g；m_p 为粉尘质量，kg 或 g；m_1 为比重瓶加液体的质量，kg 或 g；m_2 为比重瓶加液体加粉尘的质量，kg 或 g；V_p 为粉尘真体积，m^3 或 cm^3。

以上关系可用图 3-1-1 表示。

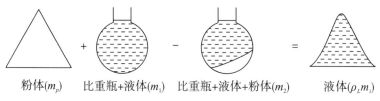

粉体(m_p)　　比重瓶+液体(m_1)　　比重瓶+液体+粉体(m_2)　　液体($\rho_L m_i$)

图 3-1-1　测定粉尘真密度的示意图

即：

$$m_p + m_1 - m_2 = \rho_L m_i \tag{3-1-5}$$

三、实验仪器与设备

（1）比重瓶（100mL）5 只，真空管 1 只，真空泵（真空度>0.9×10^5 Pa）1 台，真空表 1 只，真空干燥器（直径 300mm）1 台，烘箱，分析天平（精度 0.0001g），滴管 1 只，烧杯 1 只，不锈钢支架 1 套。

（2）滑石粉试样，变色硅胶 5 瓶，蒸馏水，滤纸若干。

粉尘真密度测定装置如图 3-1-2 所示。

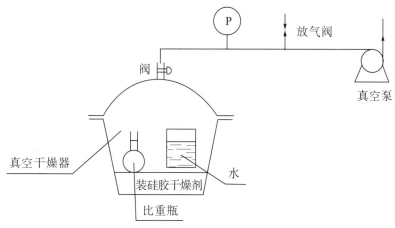

图 3-1-2　粉尘真密度测定装置

四、实验方法与步骤

（1）将一定量的粉尘试样（约 25g）放在烘箱内，于 105℃烘干至恒重（每次称重必须将粉尘试样放在干燥器中冷却到常温）。

（2）将上述粉尘试样用分析天平称重，记下粉尘质量 m_p。

（3）将比重瓶洗净，编号，烘干至恒重，用分析天平称重，记下质量 m_0。

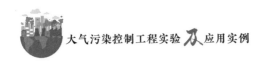

（4）将比重瓶加蒸馏水至标记（即毛细孔的液面与瓶塞顶平），擦干瓶外表面的水再称重，记下比重瓶和水的质量 m_1。

（5）将比重瓶中的水倒去，加入粉尘（比重瓶中粉尘试样不少于 20g）。

（6）用滴管向装有粉尘试样的比重瓶内加入蒸馏水至比重瓶容积的一半左右，使粉尘润湿。

（7）将装有粉尘试样的比重瓶和装有蒸馏水的烧杯一同放入真空干燥器中，盖好盖，抽真空（图 3-1-2）。保持真空密度在 98kPa 下 15~20min，以便将粉尘颗粒间隙中的空气全部排除，使粉尘能够全部被水湿润，即使水充满所有间隙，同时去除烧杯内蒸馏水中可能有的气泡。

（8）停止抽气，通过放气阀向真空干燥器缓慢进气，待真空表恢复常压指示后打开真空干燥器盖，取出比重瓶及蒸馏水杯，将蒸馏水加入比重瓶至标记，擦干瓶外表面的水后称重，记下其质量 m_2。

（9）测定数据，记录在表 3-1-1 中，并根据式（3-1-4）计算粉尘真密度。

表 3-1-1 粉尘真密度测定记录表

粉尘名称：

比重瓶编号	粉尘质量 m_p（g）	比重瓶质量 m_0（g）	比重瓶加水质量 m_1（g）	比重瓶加粉尘加水质量 m_2（g）	粉尘真密度 ρ_p（kg/m³）	误差（100%）
平均值						

五、实验数据整理

将测定数据代入下式，即可求出粉尘的真密度：

$$\rho_p = \frac{m_p}{V_p} = \frac{m_p}{m_i}\rho_L \qquad (3-1-6)$$

做 3 个平行样品，要求 3 个样品测定结果的绝对误差不超过 ±0.02g/cm³。

六、实验结果与讨论

（1）浸液为什么要抽真空脱气？

（2）粉尘真密度测定的误差主要来源于实验操作，主要表现为：

①称量不准确。

②因经验不足导致加水量不适，致使粉尘外溢或塞孔内欠水，粉尘未被部润湿。

③因操作不慎，粉尘自比重瓶内被气泡带出。

④水中有残存气泡。

⑤在同一次测定中，恒温水浴的温度前后未能保持一致等。

结合你的测定结果，分析产生误差的原因。

（3）你认为实验中还存在哪些问题？应如何改进？

实验二　粉尘比电阻的测定

一、实验目的

1. 熟悉粉尘比电阻的测量原理
2. 掌握测量粉尘比电阻的操作方法

二、实验原理

粉尘的比电阻是一项有实用意义的参数。若考虑选用电除尘相关除尘装置，必须获得烟气中粉尘的比电阻值。

两块平行的导体板之间堆积某种粉尘。当两板间施加一定电压（U）时，将有电流通过堆积的粉尘层。电流（I）的大小正比于电流通过粉尘层的面积，反比于粉尘层的厚度，还与粉尘的介电性质、堆积密实程度有关。但是，通过粉尘层的电流和施加电压的关系不符合欧姆定律，即比值 U/I 不等于定值，它随着 U 的大小而改变。粉尘比电阻的定义式为：

$$\rho = \frac{UA}{Id} \qquad (3-2-1)$$

式中，ρ 为比电阻，$\Omega \cdot cm$；U 为加在粉尘层两端面间的电压，V；I 为粉尘层中通过的电流，A；A 为粉尘层端面面积，cm^2；d 为粉尘层厚度，cm。

粉尘比电阻的测试方法可分成两类：第一类是将比电阻测试仪放进烟道，用电力使气体中的粉尘沉淀在测试仪的两个电极之间，再通过电气仪表测出流过粉尘沉积层的电流和电压，换算后可得到比电阻值，这类方法的特点是利用一种装置在烟道中可同时完成粉尘试样的采集和比电阻的测量两项操作；第二类是在实验室环境下测量尘样的比电阻。本实验采用第二类方法。

三、实验仪器与设备

1. 比电阻测试皿

比电阻测试皿是由两个不锈钢电极组成的。安装时，处于下方的固定电极做成平底敞口浅碟形，底面直径 7.6cm，深 0.5cm，它也是收集待测粉尘的器皿。固定电极的上方设一个可升降的圆形活动电极板，直径为 2.5cm。活动电极的底面面积即粉尘层通电流的端面面积。为了消除电极边缘通电流的边缘效应，活动电极周围装有保护环，保护环与活动电极之间有一狭窄的空隙。电阻的测量值与加在粉尘层的压力有关，一般规定该压力为 1kPa，达到这一要求的活动电极的设计如图 3-2-1 所示。

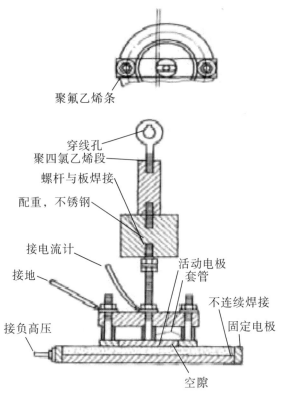

聚氟乙烯条

穿线孔
聚四氯乙烯段
螺杆与板焊接
配重，不锈钢
接电流计
接地
活动电极套管
不连续焊接
固定电极
接负高压
空隙

图 3-2-1　比电阻测试皿

2. 高压直流电源

高压直流电源是供测量时施加电压用的，要求能连续调节输出电压，调压范围为 0~10kV。高电压表用于测量粉尘层两端面间的电压。粉尘层的介电性可能出现很高的值，因此与它并联的电压表必须具有很高的内阻，如采用 Q5-V 型静电电压表。测量通过粉尘层电流的电流表可用 C46-μA 型。测量线路如图 3-2-2 所示。

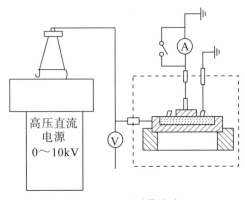

高压直流电源 0~10kV

图 3-2-2　测量线路

3．恒温箱

粉尘比电阻随温度的改变而改变。在没有提出指定测试温度的情况下，一般报告中给出的是150℃时测得的比电阻值，同时测量环境中水汽体积分数规定为0.05，因此应装备可调温调湿的恒温箱。将比电阻测试皿装在恒温箱中，活动电极的升降通过伸出箱外的轴进行操作。

四、实验方法与步骤

（1）取待测尘样300g左右，置于耐高温浅盘内，并将其放入恒温箱内烘2h，恒温箱的温度调到150℃。

（2）用小勺将待测尘样装满比电阻测试皿，用刮板从测试皿的灰盘顶端刮过，使尘面平整。将灰盘小心地放在绝缘底座上（注意：勿过猛振动灰盘，小心烫伤）。通过活动电极调节手轮将活动电极缓慢下降，使其以自身重量压在灰盘中的粉尘表面上。

（3）接通高压直流电源，调节电压输出旋钮，逐步升高电压，每步升高50V左右，记录通过粉尘层的电流和施加的电压。若出现电流值突然大幅上升，高压电压表读数下降或摇摆时，表明粉尘层内发生了电击穿，应立即停止升压，并记录击穿电压。然后将输出电压调回到0V，关断高压直流电源。

（4）将活动电极升高，取出灰盘，小心地搅拌灰盘中的粉尘，使击穿时粉尘层中出现的通道得到弥合，再刮平（或重新换粉尘）。重复步骤（2）和步骤（3），测量击穿电压3次。取3次测量值U_{B1}、U_{B2}、U_{B3}的平均值U_B。

（5）关断高压直流电源。按照步骤（2）在灰盘中重装一份粉尘。按照步骤（3）调节电压输出旋钮，使电压升高到击穿电压U的0.85～0.95倍。记录高压电压表和微电流表的读数，根据式（3-2-1）计算粉尘比电阻（ρ）。

（6）另装两份粉尘，按以上步骤重复测量ρ。

五、实验数据整理

将实验数据记录于表3-2-1和表3-2-2中。

表3-2-1　击穿电压测量记录表

粉尘来源：_____；恒温箱烘尘温度：_____℃；恒温箱水汽体积分数：_____

序号	项目	测量值						击穿电压U_{Bi}(V)
1	U(kV)							
	$I(\mu A)$							
2	U(kV)							
	$I(\mu A)$							

续表

序号	项目	测量值					击穿电压 U_{Bi}(V)
3	U(kV)						
	$I(\mu A)$						

平均击穿电压（U_B）：_____

表 3-2-2　比电阻测定记录表

尘样	1		2		3	
电压 U(V)						
电流 I(A)						
比电阻 ρ(Ω·cm)						
平均比电阻 $\bar{\rho}$(Ω·cm)						

六、实验结果与讨论

（1）本实验采用的方法仅适合比电阻超过 1×10^7 Ω·cm 的粉尘。假如仍用这种方法测量 1×10^6 Ω·cm 以下的粉尘比电阻，可能遇到什么困难？

（2）假如先将待测粉尘放在较高温度下烘烤，再让它冷却到规定温度测量比电阻，是否得到按本实验指定程序测得的同样结果？

（3）你认为本实验还有哪些需要改进的地方？

实验三　光学法测定粉尘粒径

一、实验目的

1. 掌握光学法测定粉尘粒径的基本原理和实验方法
2. 了解偏光显微镜的构造原理和操作方法
3. 掌握数据处理与分析的方法
4. 了解光学法测定粉尘粒径的误差来源和解决方法

二、实验原理

国际标准化组织规定，凡粒径小于 $75\mu m$ 的固体悬浮体通称为粉尘。粉尘粒径是指粒子的直径或大小，是粉尘的基本特征之一。粉尘颗粒的大小差异，不仅导致其物理、化学性质的差异，而且影响除尘器的除尘机制和性能。若颗粒为球形，则可以直径作为其大小的代表性尺寸。粉尘颗粒的形状若不规则，一般用当量直径或粒子的某一特征长度进行表征。通常有三种形式的粒径，即投影径、几何当量径和物理当量径。单个粉尘粒子的大小一般用单一粒径表示，粒子群的平均尺寸由平均粒径来描述。

在光学显微镜下观察并测定的粉尘粒径为投影径，包括面积等分径（Martin 径）、定向径（Feret 径）、长径、短径，如图 3-3-1 所示。通常使用带有刻度的接目镜来测定显微镜下光片中粉尘投影径的大小。

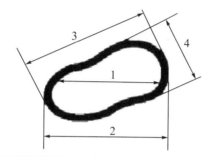

1—面积等分径；2—定向径；3—长径；4—短径

图 3-3-1　粉尘颗粒的投影径

粉尘是由各种不同粒径的粒子组成的集合体。因此，在各粉尘粒子单一粒径（投影径）测定的基础上，可通过多种方法得出粉尘的分散度。常用的方法有列表法、直方图法、频率曲线法等。为了更好地了解粉尘粒径分布，比较粒子群，可以对粉尘的特征数进行计算，如算术平均径（d）、中位径（d_{50}）、中径（d_m）、方差、标准差等。

三、实验仪器与设备

偏光显微镜是鉴定物质细微结构光学性质的一种显微镜。本实验应用它来测定粉尘颗粒的投影粒径。偏光显微镜式样繁多，但其构造大同小异。以 XP-200 型偏光显微镜为例，介绍其部分技术参数。

（1）目镜：放大倍数 10×，视场 ϕ18mm。目镜中有十字丝或分度尺、方格网。十字丝上刻有刻度尺。

（2）物镜：见表 3-3-1。

表 3-3-1　XP-200 型偏光显微镜的物镜

类别	放大倍数	数值孔径	工作距离/mm
物镜	4×	0.10	17.5
	10×	0.25	6.6
	40×	0.65	0.64
	100×（油）	1.25	0.19

（3）总放大倍数 40×～1000×，总放大倍数为目镜放大倍数与物镜放大倍数的乘积。

（4）偏光系统：可旋转式起偏振片和观察头内置检偏振片。

（5）聚光镜：数值孔径 $N_A = 1.25$。

（6）载物台：360°旋转式载物台，ϕ120mm。

（7）调焦系统：带限位和调节松紧装置的同轴粗微动，微动格值为 0.002mm。

（8）眼瞳：调节范围 53～75mm。

（9）照明光源：6V/20W 卤素灯，亮度可调。

（10）物台微尺：嵌在玻璃片上的将长 1mm（或 2mm）分为 100（或 200）小格的显微尺，每小格等于 0.01mm，用来测定目镜刻度尺每格所代表的长度。

四、实验方法与步骤

1. 准备工作

（1）尘样光片的制备。将待测粉尘样品放入烘箱，烘干后置于干燥器中冷却备用。滴入半滴或一滴松节油于载玻片上，然后用钳子取少量粉尘样品，将粉尘均匀洒在载玻片的松节油中。待粉尘在松节油中分散均匀后，将盖玻片加于载玻片上。在加盖玻片时，应先将盖玻片的一边置于载玻片上，再轻轻向下按（图 3-3-2），以免产生气泡，影响粉尘粒径的观察和测定。

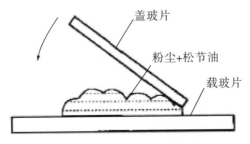

图 3-3-2　加盖玻片的方法

（2）偏光显微镜的使用。

①装卸镜头。将选用的目镜插入镜筒上端，使其十字丝位于东西、南北方向。

②对光。移动反光镜对准光源，使视域达到最亮。

③准焦。将欲观察的光片置于物台上（光片的盖玻片必须向上），用夹子夹紧。从侧面看镜头，旋动粗动螺丝，将镜筒下降到最低位置。从目镜中观察，并拧动微动螺丝，使镜筒缓慢上升，直到视物中物像清楚。如果视像不够清楚，可转动微动螺丝使之清楚。在显微镜下观测时，最好学会两只眼睛同时睁开，轮流观察，这样既保护视力又便于观察操作。

2. 粉尘投影径的测定

（1）目镜刻度尺每格所代表尺寸的测定。将物台微尺置于物台上，准焦。然后转动物台，使微尺与目镜刻度尺平行，再移动微尺使两零点对齐。仔细观察，找出两小尺分格的再重合点，数出两尺在此长度内各自的格子数。例如，目镜刻度尺为 50 格，物台微尺为 48 格，则目镜刻度尺的每小格相当于物台微尺的 48/50 格，再乘以物台微尺每小格所代表的长度，即 48/50×0.01mm＝0.0096mm（9.6μm），这就是该放大倍数下目镜刻度尺的实际长度。显微镜的放大倍数不同，目镜刻度尺每格所代表的尺寸也不同。

（2）粉尘粒径的测定。在一定放大倍数下测定目镜刻度尺每格所代表的尺寸后，将物台微尺取下，将粉尘样品光片置于物台上，依次测定光片中粉尘的投影径，并记录数据。实验测定的粉尘数量不应小于 50 个。

五、实验数据整理

将粉尘投影径的测定结果列于表 3-3-2 中。

表 3-3-2　粉尘投影径测定数据记录表

放大倍数为＿＿＿＿的显微镜中目镜刻度尺每格所代表的长度为＿＿＿＿μm

粒子序号		1	2	3	4	5	6	7	8	...
面积等分径	格数（个）									
	长度（μm）									
定向径	格数（个）									
	长度（μm）									
长径	格数（个）									
	长度（μm）									
短径	格数（个）									
	长度（μm）									

2．实验数据处理

根据表 3-3-1 中的实验数据进行计算，填写表 3-3-3，并绘制粒径分布直方图、频数曲线和累计频率曲线。

表 3-3-3　粉尘粒径分布表

序号	粒径范围（μm）	平均粒径（μm）	频数 n	相对频度（%）	频度（%）	频上累积分布（%）	频下累积分布（%）
1							
2							
3							
4							
...							

注：粒径范围根据数据大小及分组状况而定。

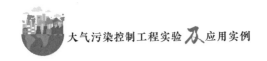

六、实验结果与讨论

(1) 在显微镜下测定粉尘投影径时会产生哪些误差？应如何避免？

(2) 在调节显微镜焦距时应注意什么？

(3) 在显微镜下会不会观察到比别的粒子大得多的颗粒？这是由什么原因引起的？

实验四　粉尘样品的分取及安息角的测定

一、实验目的

1. 掌握粉尘样品的分取方法

2. 掌握粉尘样品安息角的测定方法

二、实验原理

1. 粉尘样品的分取

用于粉尘物性测定的实验样品应具有充分的代表性。因此，对于从尘源收集来的粉尘，要经过随机分取处理。通常采用圆锥四分法、流动切断法和回转分取法对尘样进行分取。

(1) 圆锥四分法。

将尘样经漏斗下落在水平板上堆积成圆锥体，再将圆锥体分成 a、b、c、d 四等份，舍去对角 a、c 两份，而取另一角上 b、d 两份，混合后重新堆积成圆锥体再分成四份进行分取，重复 2~3 次，最后取其任意对角两份作为测试用粉尘样品。

(2) 流动切断法。

在从现场取回粉尘样品较少的情况下，把尘样放入固定的漏斗中，使其从漏斗小孔中流出。用容器在漏斗下部左右移动，随机接取一定量的尘样作为分析用样品。此外，还可以移动漏斗来实现流动切断，具体做法是：将装有尘样的漏斗左右移动，使其漏入两个并在一起的容器，然后取其中一个，舍去另一个，将尘样重复分缩几次，直至所取尘样数量满足分析用量。

(3) 回转分取法。

在分隔成 8 个部分的转动圆盘上方设置漏斗，使尘样从固定的漏斗中流出。粉尘均匀地落在圆盘上的各部分。取其中一部分作为分析测定用料。有时也采用固定圆盘，通过均匀地转动漏斗来实现回转分取。

2. 粉尘安息角的测定

粉尘从漏斗口注入水平料盘，测量粉尘堆积斜面与底部水平面所夹锐角，即粉尘安息角。粉尘安息角的测定方法有很多，常用的有注入法、排出法、斜箱法和回转圆筒法。

（1）注入法。

将粉尘经漏斗流出落在水平圆板上，用角器直接量其堆积角或量得堆体高度求其堆积角 a。安息角的计算公式如下：

$$a = \arctan \frac{H}{R} \qquad\qquad (3-4-1)$$

式中，a 为粉尘安息角，$°$；H 为粉尘锥体高度，cm；R 为圆板半径，cm。

（2）排出法。

将粉尘从容器底部的圆孔排出，回转分取测量粉尘流出后在容器内的堆积斜面与容器底部水平面的夹角。为测定方便，盛装粉尘的容器可用带有刻度的透明圆筒。安息角的计算公式如下：

$$a = \arctan \frac{H}{R-r} \qquad\qquad (3-4-2)$$

式中，H 为粉尘斜面高，可由圆筒刻度直接读出，cm；R 为圆筒半径，cm；r 为流出孔口半径，cm。

（3）斜箱法。

在水平装置的箱内装满粉尘，然后提高箱子的一端，使箱子倾斜，测量粉尘开始流动时其表面与水平面的夹角。

（4）回转圆筒法。

先将粉尘装入透明圆筒中（粉尘体积约为筒体一半），再水平滚动圆筒，测量粉尘开始流动时其表面与水平面的夹角。

三、实验仪器与设备

（1）粉尘样品分取所用仪器与设备有：漏斗、长方形容器、方形厚纸报（或铁板）、分格转动圆盘、矩形长直板、刮片等。

（2）粉尘安息角测定所用仪器与设备有：漏斗、分格转动圆盘、圆形台板、量角器、直尺、带孔圆形容器、透明圆筒等。

四、实验方法与步骤

（1）实验尘样的采集应符合 GB/T 16913.1 的规定。登记粉尘采样工况。

（2）尘样在 105℃干燥 4h，放于室内自然冷却后，通过 80 目标准筛除去杂物，准备测定。对于在低于 105℃时就会发生化学反应或熔化、升华的粉尘，干燥温度需相应降低。

（3）按要求将测定装置各部件组装于实验台上，调整水平，拨动量角器使其处于垂直位置。

（4）用塞棒塞住漏斗出口。将尘样装入盛样量筒，用刮片刮平后倒入漏斗。

（5）抽出塞棒，使粉尘从漏斗孔口流出。对于流动性不好的粉尘，可以用棒针搅动，使粉尘连续流落到料盘上。待粉尘全部流出后，旋转量角器，量出料盘上粉尘锥体母线与水平面所夹锐角（即安息角 a），并记录数据。

（6）应连续测定 3~5 次，求出算术平均值 a_{cp} 和均方差 σ：

$$a_{cp} = \frac{1}{n} \sum a_i \tag{3-4-3}$$

$$\sigma = \sqrt{\frac{1}{n} \sum (a_i - a_{cp})^2} \tag{3-4-4}$$

式中，n 为试验次数；a_i 为测定值。

舍弃偏离算术平均值的测定值，取所余测定值的算术平均值为测定结果。

五、实验数据整理

将实验数据记录于表 3-4-1 中。

表 3-4-1　粉尘安息角测定记录

粉尘名称：_____　　粉尘来源：_____　　测定日期：_____

测定方法：_____　　设备名称：_____　　室内气象条件：_____

测定方法	测定值 a_i					算术平均值 a_{cp}	均方差 σ
	1	2	3	4	5		

实验五　电除尘器除尘效率测定

一、实验目的

1. 了解影响电除尘器除尘效率的主要因素

2. 掌握电除尘器除尘效率的测定方法

3. 巩固关于烟气状态（温度、含湿量及压力）、烟气流速和流量及烟气含尘浓度等测定内容

4. 提高对电除尘技术基本知识和实验技能的综合应用能力，以及通过实验方案设计和实验结果分析，加强创新能力的培养

二、实验原理

除尘效率是除尘器的基本技术性能之一。电除尘器除尘效率的测定是了解电除尘器工作状态和运行效果的重要手段。

1. 总除尘效率

除尘效率最原始的意义是以所捕集粉尘的质量为基准进行计算，但随着环境保护要求的日趋严格和科学技术的发展，现在除尘效率有的以粉尘颗粒的个数为基准进行计算；有的根据光学能见度的光学污染程度，以粉尘颗粒的投影面积为基准进行计算。本实验测定总除尘效率仍以所捕集粉尘的质量和进入除尘器的粉尘的质量分数为基准，即：

$$\eta = 1 - \frac{S_2}{S_1} \qquad (3-5-1)$$

式中，S_1、S_2 分别为除尘器进、出口的粉尘质量流量，g/s；η 为电除尘器的总除尘效率，%。

2. 分级除尘效率

一般来讲，当粉尘密度一定时，尘粒越大，除尘效率越高。因此，仅用总除尘效率来描述除尘器的捕集性能是不够的，应给出不同粒径粉尘的除尘效率，即分级除尘效率才更合理，以 η_i 表示。

若设除尘器进口、出口和捕集的粒径为 d_{pi}，颗粒的质量流量分别为 S_{1i}、S_{2i} 和 S_{3i}，则该除尘器对颗粒的分级效率为：

$$\eta_i = \frac{S_{3i}}{S_{1i}} = 1 - \frac{S_{2i}}{S_{1i}} \qquad (3-5-2)$$

若分别测出除尘器进口、出口和捕集的粉尘粒径频率分布 g_{1i}、g_{2i} 和 g_{3i} 中任意两组数，则可给出分级效率与总效率之间的关系：

$$\eta_i = \frac{\eta}{\eta + P g_{2i}/g_{3i}} \qquad (3-5-3)$$

式中，P 为总穿透率。

本实验中，按粉尘采样的要求，先选择合适的测定位置，采用标准采样管，在电除尘器进、出口同步采样，然后通过称重可求出总除尘效率，最后将称重后的粉尘样进行粒径分布测定，可求出分级除尘效率。

三、实验仪器与设备

1. 仪器设备

（1）本实验仪器为烟气状态（温度、含湿量及压力）、烟气流速和流量的测定及烟气含尘浓度测定两个实验中使用的全部仪器设备。

（2）库尔特粒度分析仪及其配套设备。

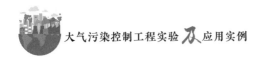

2. 粉尘试样

实验中选用的粉尘主要有飞灰、石灰石和烧结机尾粉尘。

四、实验方法与步骤

（1）调整电除尘器的板间距、线间距，记录放电极和收尘极形式、板间距和线间距。

（2）仔细检查高压电源和进线箱等处的接线和接地装置，保证安全。

（3）打开高压电源控制柜上的电源开关，按下高压启动按钮，调节输出调整旋钮。若控制柜发生跳闸报警，则关闭电源开关，检查电场内放电极是否短路，穿壁和拉线绝缘体部分是否有积灰或安装不合理处，排除故障后，再试运行。如果不能再次开机，则控制柜内部空气开关掉闸，合闸后即可开机。

（4）根据板间距在表3-5-1中选择合适的二次电压值，调节输出调整旋钮至本实验所需电压值。

表3-5-1 二次电压值选择表

板间距（mm）	300			350			400		
二次电压（kV）	50	55	60	60	65	70	70	75	80

（5）启动引风机，通过发尘装置向系统加入粉尘，保持发尘量一定。待发尘几分钟后，根据高压电源控制柜的显示值，记录二次电压值和二次电流值。

（6）测定烟气温度、湿度和压力（方法及步骤与烟气参数的测定实验一致）。

（7）测定烟气流速，计算流量（方法及步骤详见烟气参数的测定实验）。

（8）按照等动力采样的要求，在电除尘器进出口处的采样孔同时采样，测定烟气中含尘浓度。其中，测点选择方法及采样点控制流量确定方法及烟气中含尘浓度的测定方法和步骤与烟气参数的测定实验一致。

（9）利用库尔特仪对步骤（8）中称重后的粉样进行分散度测定。

（10）利用步骤（8）（9）中测得的数据，计算电除尘器总效率和分级效率。

（11）将高压电源控制柜上的输出调节旋钮调至表3-5-1中的另两种操作电压，重复步骤（8）～（10），测定不同操作条件下的总除尘效率和分级除尘效率。

（12）通过流量调节阀将烟气流量增大和减小各一次，重复步骤（4）～（10），测定不同流量下的总除尘效率和分级除尘效率（此时应注意发尘量需相应增减，以保持入口粉尘浓度一定）。

（13）根据测得的分级除尘效率数据，计算不同粒径粉尘的驱进速度。

（14）根据以上过程获得的数据，绘制操作电压与总除尘效率关系曲线、比集尘面积（板面积/烟气流量）与总除尘效率关系曲线和粉尘驱进速度与分级除尘效率的关系曲线，由此分析操作条件、比集尘面积、粉尘驱进速度与除尘效率的关系。

（15）当各项烟气参数的测定和粉尘采样工作结束后，按下高压电源控制柜上的高压停止按钮，关闭电源开关。

五、实验数据整理

本实验中，关于烟气状态参数（温度、含湿量和压力等）和烟气中含尘浓度测定的数据记录与处理参见实验四。总除尘效率和分级除尘效率测定记录表分别见表 3-5-2 和表 3-5-3。

表 3-5-2　总除尘效率测定记录表

结构参数			
放电极形式			
收尘极形式			
线间距（mm）			
板间距（mm）			
烟气参数			
烟气温度（℃）			
湿度（g/kg）			
压力（Pa）			
平均流速（m/s）			
烟气流量（m³/h）			
粉尘种类			
运行条件	二次电压/二次电流		
进口粉样称重（g）	滤筒号		
出口粉样称重（g）	滤筒号		
总除尘效率			

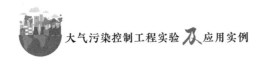

表 3－5－3　分级除尘效率测定记录表

二次电压_____ kV，二次电流_____ mA

进口粉尘样品总称重（g）	
出口粉尘样品总称重（g）	
粒径（μm）	
进口累积分布（%）	
出口累积分布（%）	
分级除尘效率（%）	

六、实验注意事项

（1）安全第一，注意不要接触到高压电。若控制柜发生跳闸报警，则关闭电源开关，检查电场内放电极是否短路，穿壁和拉线绝缘子部分是否有积灰或安装不合理处，排除故障后，再试运行。如果不能再次开机，则控制柜内部空气开关掉闸，合闸后即可并机。

（2）为了避免静电伤人，要在送过高压后，调整放电极间距前，通过接地棒将放电极上的电荷放掉。

（3）为了保证前后实验结果的可比性，应在实验后将放电极、收尘极和灰斗中的粉尘清理干净。

七、实验结果与讨论

（1）根据分级除尘效率与总效率的关系，由实测的分组效率计算总除尘效率，并将计算结果与实测的总除尘效率进行对比分析。

（2）实验中要求发尘量随流量的增减而相应增减，试分析原因。

（3）你认为实验中还有哪些需要改进的地方？

实验六　旋风除尘器性能实验

一、实验目的

1. 熟悉旋风除尘器的结构与除尘原理，全面了解影响旋风除尘器性能的主要因素
2. 掌握管道中各点流速和气体流量的测定方法
3. 掌握旋风除尘器压力损失和阻力系数的测定方法

4. 掌握旋风除尘器除尘效率的测定方法

二、实验原理

旋风除尘器是利用旋转的含尘气体所产生的离心力，将尘粒从气流中分离出来的一种气固分离装置。

当含尘气体从入口导入除尘器的外壳和排气管之间时，形成旋转向下的外旋流。悬浮于外旋流的粉尘在离心力的作用下移向器壁，并随外旋流转到除尘器下部，由排尘孔排出。

1. 空气状态参数的测定

旋风除尘器的性能通常是在标准状态（$P=1.013\times10^5\,\text{Pa}$，$T=273\text{K}$）下给出的，因此需要通过测定空气状态参数，将标准状态下的性能参数转换成实际运行状态下的性能参数，以便进行比较。空气状态参数包括空气的温度、密度、相对湿度和大气压力。其中，空气的温度和相对湿度可用湿球温度计直接测得；大气压力由大气压力计测得；干空气密度由下式计算：

$$\rho_g=\frac{PM}{RT}=\frac{P}{287T} \tag{3-6-1}$$

式中，ρ_g 为烟气密度，kg/m^3；P 为大气压力，Pa；T 为烟气温度，K；M 为空气摩尔质量，$2.9\times10^{-2}\,\text{kg/mol}$；$R$ 为气体常数，$8.314\,\text{J/(mol·K)}$。

实验过程中，要求空气相对湿度不大于75%。

2. 除尘器处理风量的测定和计算

由于含尘浓度较高和气流不太稳定的管道内，用皮托管测定风量有一定困难。为了克服管内动压不稳定带来的测量误差，本实验根据各点流速求出断面平均流速 $\bar{v}$，进而计算处理风量，计算公式如下：

$$Q=A\bar{v} \tag{3-6-2}$$

式中，A 为管道横截面积，m^2。

除尘器入口气体流速按下式计算：

$$v=Q/F \tag{3-6-3}$$

式中，F 为除尘器入口面积，m^2。

3. 除尘器压力损失和阻力系数的测定

由于实验装置中除尘器进出口管径相同，故除尘器阻力可用 B、C 两点静压差扣除管道沿程阻力与局部阻力求得：

$$\Delta p=\Delta H-\sum\Delta h=\Delta H-(R_LL+\Delta p_m) \tag{3-6-4}$$

式中，Δp 为除尘器阻力，Pa；ΔH 为前后测量断面上的静压差，Pa；$\sum\Delta h$ 为测点断面之间系统阻力，Pa；R_L 为比摩阻，Pa/m；L 为管道长度，m；Δp_m 为异形接头的局部阻力，Pa。

将 Δp 换算成标准状态下的阻力 Δp_N：

$$\Delta p_N = \Delta p \cdot \frac{T_N}{T} \qquad (3-6-5)$$

式中，T_N 和 T 分别为标准和试验状态下的空气温度，K。

除尘器阻力系数按下式计算：

$$\xi = \frac{\Delta p_N}{p_{di}} \qquad (3-6-6)$$

式中，ξ 为除尘器阻力系数，无量纲；Δp_N 为除尘器阻力，Pa；p_{di} 为除尘器内入口截面处动压，Pa。

4. 除尘器含尘浓度的计算

$$C_i = \frac{G_j}{Q_i \tau} \qquad (3-6-7)$$

$$C_0 = \frac{G_j - G_s}{Q_0 \tau} \qquad (3-6-8)$$

式中，C_i、C_0 分别为除尘器进、出口的气体含尘浓度，g/m^3；G_j、G_s 分别为发尘量、除尘量，g；Q_i、Q_0 分别为除尘器进、出口空气量，m^3/s；τ 为发尘时间，s。

5. 除尘器效率的计算

（1）质量法。

测出同一时间段进入除尘器的粉尘质量 G_j（g）和除尘捕集的粉尘质量 G_s（g），则除尘效率：

$$\eta = \frac{G_s}{G_j} \times 100\% \qquad (3-6-9)$$

式中，η 为除尘效率，%。

（2）浓度法。

用等动力采样法测出除尘器进、出口管道中气流含尘浓度 C_i 和 C_0（mg/m^3），则除尘效率：

$$\eta = \left(1 - \frac{C_0 Q_0}{C_i Q_i}\right) \times 100\% \qquad (3-6-10)$$

式中，Q_i、Q_0 分别为除尘器进、出口空气量，m^3/s。

6. 分级效率计算

$$\eta_i = \eta \frac{g_{si}}{g_{ji}} \qquad (3-6-11)$$

式中，η_i 为粉尘某一粒径范围的分级效率，%；g_{si} 为收尘某一粒径范围的质量分数，%；g_{ji} 为发尘某一粒径范围的质量分数，%。

7. 除尘器处理气体量和漏风率的计算

处理气体量：

$$Q = \frac{1}{2}(Q_i + Q_0) \qquad (3-6-12)$$

漏风率：

$$\delta = \frac{Q_i + Q_0}{Q_i} \times 100\% \qquad (3-6-13)$$

三、实验仪器与设备

本实验仪器主要有：倾斜微压计，YYT－2000 型，2 台；U 形管压差计，500～1000mm，2 个；皮托管，2 支；烟尘采样管，KC，2 支；烟尘浓度测试仪，SYC－1，2 台；干湿球温度计，NHM－2，1 支；空盒气压计，DYM－3，1 台；分析天平，分度值 0.001g，1 台；托盘天平，分度值 1g，1 台；秒表，2 块；钢卷尺，2 把。

本实验装置如图 3－6－1 所示。含尘气体经双扭线集流器流量计进入系统，借助旋风除尘器将粉尘从气体中分离，净化后的气体由风机经过排气管排入大气。所需含尘气体由发尘装置配制，并控制浓度。

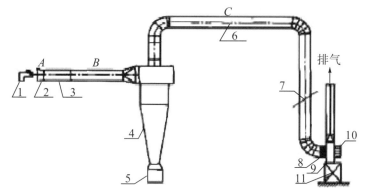

1—发尘装置；2—双扭线集流器流量计；3—进气管；4—旋风除尘器；5—灰斗；
6—排气管；7—调节阀；8—软接头；9—风机；10—电机；11—支架

图 3－6－1 旋风除尘器性能实验装置

本实验装置主要技术数据为：①气体动力装置布置为负压式。②气体进口管直径 110mm。③气体出口管直径 110mm。④旋风分离器直筒直径 250mm，高 400mm。⑤旋风分离器进口连接尺寸为 90mm×65mm。⑥末端进口尺寸为 90mm×35mm。⑦下锥体高 600mm，出液口直径 90mm。⑧使用粉尘为滑石粉。⑨装置总高 1650mm，装置总长 1960mm，装置总宽 550mm。⑩壳体由有机玻璃制成。⑪风机电源电压为三相 380V。

四、实验方法与步骤

1. 准备工作

测量记录室内空气的干球温度（即除尘系统中气体温度）、湿球温度及相对湿度，计算空气中水蒸气体积分数（即除尘系统中气体含湿量）；测量记录当地大气压力；测量记录除尘器进、出口测定断面直径和断面面积，确定测定断面分环数和测点数，求出各测点距管道内壁的距离，并用胶布标志在皮托管和采样管上。

2. 处理风量的测定

测定室内空气干球温度、湿球温度和相对湿度及空气压力，按式（3－6－1）计算管内的气体密度。

启动风机，在管道断面 A 处，利用双扭线集流器流量计和 YYT－2000 型倾斜微压计测定该断面的静压，并从倾斜微压计中读出静压值，按式（3－6－2）计算管内的气体流量（即除尘器的处理风量），并计算断面的平均动压值（$\bar{p}_d$）。

3. 阻力的测定

用 U 形管压差计测量 B、C 断面间的静压差（ΔH）。然后量出 B、C 断面间的直管长度（l）和异形接头的尺寸，求出 B、C 断面间的沿程阻力和局部阻力，并分别按式（3－6－4）和式（3－6－5）计算除尘器的阻力和阻力系数。

4. 除尘效率及分级效率的测定

用托盘天平称出发尘量（G_j）。通过发尘装置均匀地加入发尘量（G_j），记下发尘时间（τ），按式（3－6－7）计算除尘器入口气体的含尘浓度（C_i）。称出收尘量（G_s），按式（3－6－8）计算除尘器出口气体的含尘浓度（C_0）。按式（3－6－9）或式（3－6－10）计算除尘器的全效率（η）。根据发尘和收尘的质量百分数，按式（3－6－11）计算除尘器的分级效率（η）。

5. 重复步骤

改变调节阀开启程度，重复以上实验步骤，确定除尘器在不同工况下的性能。

五、实验数据整理

1. 旋风除尘器处理气体流量与压力损失

按表 3－6－1 记录整理。

表 3－6－1　旋风除尘器处理风量测定结果记录表

实验日期_____　　实验人员_____

当地大气压力 P（kPa）	烟气干球 温度（℃）	烟气湿球 温度（℃）	烟气相对 湿度（％）	除尘器管道 横断面积 A（m²）		除尘器入口 面积 F（m²）

测定 次数	除尘器进气管			除尘器排气管			Δp	υ_0	Q_s	υ_1
	K_1	Δl_1	P_1	K_1	Δl_2	P_2				
1										
2										
3										
4										
5										

注：K 为微压计倾斜系数；Δl 为微压计读数，mm；P 为静压，Pa；υ_0 为管道流速，m/s；Q_s 为风量；υ_1 为入口流速，m/s；Δp 为压力损失，Pa。

2. 除尘效率

旋风除尘器除尘效率测定数据按表 3-6-2 记录整理。

表 3-6-2　旋风除尘器除尘效率测定结果记录表

| 测定次数 | 除尘器进口气体含尘浓度 | | | | | | 除尘器出口气体含尘浓度 | | | | | | 除尘效率（%） |
	采样流量（L/min）	采样时间（min）	采样体积（L）	滤筒初质量（g）	滤筒总质量（g）	粉尘浓度（mg/m³）	采样流量（L/min）	采样时间（min）	采样体积（L）	滤筒初质量（g）	滤筒总质量（g）	粉尘浓度（mg/m³）	
1													
2													
3													
4													
5													

3. 压力损失、除尘效率与入口速度 v_1 的关系

整理不同 v_1 下的 Δp、η 资料，绘制 v_1—Δp 和 v_1—η 实验性能曲线，分析入口流速对旋风除尘器的压力损失、除尘效率的影响。

六、实验结果与思考

（1）为什么我们采用双扭线集流器流量计测定气体流量，而不采用皮托管测定气体流量？

（2）通过实验，你对旋风除尘器全效率和阻力随入口流速变化的规律得出什么结论？它对除尘器的选择和运行使用有何意义？

（3）用质量法和采样浓度计算的除尘效率，哪一个更准确？为什么？

（4）你能提出改进方法来计算除尘器的压力损失吗？

实验七　袋式除尘器性能测定

一、实验目的

1. 熟悉袋式除尘器的结构与除尘原理
2. 掌握袋式除尘器主要性能的实验研究方法
3. 提高对除尘技术基本知识和实验技能的综合应用能力

二、实验原理

袋式除尘器又称过滤式除尘器，是使含尘气流通过过滤材料分离捕集粉尘的装置。采用纤维织物作滤料的袋式除尘器，在工业废气除尘方面应用广泛。袋式除尘器性能的测定和计算，是袋式除尘器选择、设计和运行管理的基础，是本科学生必须具备的基本能力。

袋式除尘器性能、结构形式、滤料种类、清灰方式、粉尘特性、运行参数等因素有关。本实验是在其结构形式、滤料种类、清灰方式和粉尘特性已定的前提下，测定袋式除尘器的主要性能指标，并在此基础上，考察处理流量 Q 对袋式除尘器压力损失 Δp 和除尘效率 η 的影响。

1. 处理气体流量和过滤速度的测定和计算

（1）动压法测定。

采用动压法测定袋式除尘器处理气体流量 Q（m^3/s），是同时测出除尘器进、出口连接管道中的气体流量，取两者的平均值作为测定值：

$$Q = \frac{1}{2}(Q_1 + Q_2) \qquad (3-7-1)$$

式中，Q_1、Q_2 分别为袋式除尘器进、出口连接管道中的气体流量，m^3/s。

除尘器漏风率 δ：

$$\delta = \frac{Q_1 - Q_2}{Q_1} \times 100\% \qquad (3-7-2)$$

一般要求除尘器的漏风率小于 $\pm 5\%$。

（2）静压法测定。

采用静压法测定袋式除尘器进口气体流量 Q_1（m^3/s），是根据在静压测孔测得的系统入口均流管处的平均静压，按下式求得：

$$Q_1 = \phi_V A \sqrt{2|p_s|\rho} \qquad (3-7-3)$$

式中，$|p_s|$ 为入口均流管处气流平均静压的绝对值，Pa；ϕ_V 为均流管入口的流量系数；A 为除尘器进口测定断面的面积，m^2；ρ 为测定断面管道中气体密度，kg/m^3。

若袋式除尘器总过滤面积为 F，则其过滤速度 v_F（m/min）按下式计算：

$$v_F = \frac{60Q_1}{F} \qquad (3-7-4)$$

2. 压力损失的测定和计算

袋式除尘器压力损失 Δp 为除尘器进、出口管中气流的平均全压之差。当袋式除尘器进、出口管断面面积相等时，可由其进、出口管中气体的平均静压之差来计算，即：

$$\Delta p = p_{s1} - p_{s2} \qquad (3-7-5)$$

式中，p_{s1} 为袋式除尘器进口管中气体的平均静压，Pa；p_{s2} 为袋式除尘器出口管中气体的平均静压，Pa。

袋式除尘器的压力损失与其清灰方式和清灰制度有关。本实验装置采用手动清灰方式，实验尽量保证在相同的清灰条件下进行。当采用新滤料时，应预先发尘运行一段时间，使新滤料在反复过滤和清灰过程中，当残余粉尘量基本恒定后再开始实验。

考虑到袋式除尘器在运行过程中的压力损失还会随运行时间产生一定变化。因此，在测定压力损失时，应每隔一定时间进行连续测定（一般可考虑5次），并取其平均值作为除尘器的压力损失 Δp。

3. 除尘效率的测定和计算

除尘效率采用质量浓度法测定，即采用等速采样法同时测出除尘器进出口管中气流的平均含尘浓度 C_1 和 C_2，按下式计算：

$$\eta = \left(1 - \frac{C_2 Q_2}{C_1 Q_1}\right) \times 100\%$$
(3-7-6)

因袋式除尘器除尘效率高，除尘器进出口气体含尘浓度相差较大，为保证测定精度，可在除尘器出口采样中适当加大采样流量。

4. 压力损失、除尘效率与过滤速度关系的分析

为了得到除尘器的 v_F—η 和 v_F—Δp 的性能曲线，应在除尘器清灰方式和进口气体含尘浓度 C_1 相同的条件下，测出除尘器在不同过滤速度下的压力损失 Δp 和除尘效率 η。过滤速度的调整可通过改变风机入口阀门开度实现，利用动压法测定过滤速度。

保持实验过程中 C_1 基本不变。可根据发尘量 S、发尘时间 τ 和进口气体流量 Q_1，按下式估算除尘器入口含尘浓度 C_1：

$$C_1 = \frac{S}{\tau Q_1}$$
(3-7-7)

三、实验仪器与设备

本实验选用自行加工的袋式除尘器。该除尘器共5条滤带，总过滤面积为 $1.3\mathrm{m}^2$。实验滤料可选用208工业涤纶绒布。除尘器采用机械振打清灰方式。

袋式除尘器性能实验装置如图3-7-1所示。

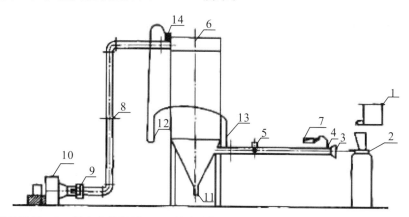

1—粉尘供给装置；2—粉尘分散装置；3—喇叭形均流管；4—静压测孔；5—除尘器进口测定断面；
6—袋式除尘器；7—倾斜微压计；8—除尘器出口测定断面；9—阀门；10—通风机；11—灰斗；
12—U形管压差计；13—除尘器进口静压测孔；14—除尘器出口静压测孔

图 3-7-1　袋式除尘器性能实验装置

除尘系统入口的喇叭形均流管处的静压测孔用于测定除尘器入口气体流量，也可用于在实验过程中连续测定和检测除尘系统的气体流量。通风机是实验系统的动力装置，选用 4-72-11NO4A 型离心通风机，转速为 2900r/min，全压为 1290～2040Pa，所配电动机功率为 5.5kW。通风机入口前设有阀门 9，用来调节除尘器处理气体流量和过滤速度。

本实验仪器主要有：干湿球温度计，1 支；空盒式气压表，DYM-3，1 个；钢卷尺，2 个；U 形管压差计，1 个；倾斜微压计，YYT-200 型，3 台；皮托管，2 支；烟尘采烟管，2 支；烟尘测试仪，SYC-I 型，2 台；秒表，2 个；分析天平，分度值0.001g，2 台；托盘天平，分度值1g，1 台；干燥器，2 个；鼓风干燥箱，DF-206 型，1 台；超细玻璃纤维无胶滤筒，20 个。

四、实验方法与步骤

1. 室内空气环境参数测定

本实验中有关气体温度、压力、含湿量、流速、流量及其含尘浓度的测定方法和操作步骤参考烟气参数的测定实验并进行相应修改。

2. 袋式除尘器性能测定和计算

（1）测量记录室内空气的干球温度（即除尘系统中气体的温度）、湿球温度和相对湿度，计算空气中水蒸气体积分数（即除尘器系统中气体的含湿量）。测量记录当地的大气压力。记录袋式除尘器型号规格、滤料种类、总过滤面积。测量记录除尘器进出口测定断面直径和断面面积，确定测定断向分环数和测点数，做好实验准备工作。

（2）将除尘器进出口断面的静压测孔与 U 形管压差计连接。

（3）将发生工具和称重后的滤筒准备好。

（4）将皮托管、倾斜压力计准备好，待测流速和流量用。

（5）清灰。

（6）启动风机和发尘装置，调整好发尘浓度，使实验系统达到稳定。

（7）测量进出口流速和含尘量，进口采样 1min，出口 5min。

（8）在采样的同时，每隔一定时间，连续 5 次记录 U 形管压差计的读数，取其平均值近似作为除尘器的压力损失。

（9）隔 15min 后重复以上测量，共测量 3 次。

（10）停止风机和发尘装置，进行清灰。

（11）改变处理气量，重复步骤（6）～（10）两次。

（12）采样完毕，取出滤筒包好并置入鼓风干燥箱烘干后称重。计算除尘器进出口管道中气体含尘浓度和除尘效率。

（13）实验结束，整理好实验用的仪表、设备。计算、整理实验资料，并填写实验报告。

五、实验数据整理

1. 处理气体流量和过滤速度

按式（3-7-1）计算除尘器处理气体量，按式（3-7-2）计算除尘器漏风率，按式（3-7-4）计算除尘器过滤速度。数据记录于表3-7-1中。

表 3-7-1　袋式除尘器处理风量测定结果记录表

除尘器型号			除尘器过滤面积 $A(m^2)$	当地大气压力 $p(kPa)$	烟气干球温度（℃）	烟气干球温度（℃）	烟气相对湿度（%）	烟气密度 $\rho_g(kg \cdot m^3)$			
测定次数	微压计倾斜系数 K	皮托管系数 K_p	除尘器进气管				除尘器排气管				除尘处理气量 Q（m³/h）	除尘器过滤速度 v_F（m/min）	除尘器漏风率 δ（%）
			微压计读数 Δ_1(mm)	静压（Pa）	管内流速 v_1（m/g）	横截面积 F_1（m²）	风量 Q_1（m³/h）	微压计读数 Δ_2(mm)	静压（Pa）	管内流速 v_2（m/g）	横截面积 F_2（m²）	风量 Q_2（m³/h）			
1—1														
1—2														
1—3														
2—1														
2—2														
2—3														
3—1														
3—2														
3—3														

2. 压力损失

按式（3-7-5）计算压力损失，并取5次测定数据的平均值 Δp 作为除尘器压力损失。数据记录于表3-7-2中。

表 3-7-2　袋式除尘器压力损失测定记录表

测定次数	每次间隔时间 t（min）	静压差测定结果（Pa）					除尘器压力损失 Δp（Pa）
		1	2	3	4	5	
1—1							
1—2							
1—3							
2—1							
2—2							
2—3							
3—1							
3—2							
3—3							

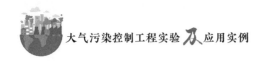

3. 除尘效率

除尘效率按式（3-7-6）计算。数据记录于表 3-7-3 中。

表 3-7-3　袋式除尘器除尘效率测定结果记录表

测定次数	除尘器进口气体含尘浓度						除尘器出口气体含尘浓度						除尘器全效率（%）
	采样流量（L/min）	采样时间（min）	采样体积（L）	滤筒初质量（g）	滤筒总质量（g）	粉尘浓度（mg/L）	采样流量（L/min）	采样时间（min）	采样体积（L）	滤筒初质量（g）	滤筒总质量（g）	粉尘浓度（mg/L）	
1—1													
1—2													
1—3													
2—1													
2—2													
2—3													
3—1													
3—2													
3—3													

4. 压力损失、除尘效率和过滤速度的关系

整理 3 组不同 v_F 下的 Δp 和 η 资料，绘制 v_F—Δp 和 v_F—η 实验性能曲线，分析过滤速度对袋式除尘器压力损失和除尘效率的影响。针对每一组资料，分析在一次清灰周期中，压力损失、除少效率和过滤速度随过滤时间的变化情况。

六、实验结果与讨论

（1）用动力法和静压法测得的气体流量是否相同？哪个更准确？为什么？

（2）测定袋式除尘器压力损失，为什么要固定其清灰方法？为什么要在除尘器稳定运行状态下连续 5 次读数并取其平均值作为除尘器压力损失？

（3）试根据实验性能曲线 v_F—Δp 和 v_F—η，分析过滤速度对袋式除尘器压力损失和除尘效率的影响。

（4）总结在一次清灰周期中，压力损失、除尘效率和过滤速度随过滤时间的变化规律。

实验八　文丘里除尘器性能测定

一、实验目的

1. 熟悉文丘里除尘器的结构形式和除尘机理
2. 掌握文丘里除尘器主要性能指标的测定方法
3. 掌握湿式除尘器动力消耗的测定方法
4. 了解湿法除尘与干法除尘在除尘性能测定中的不同实验方法

二、实验原理

湿式除尘器是使含尘气体与液体密切接触，利用水滴和颗粒的惯性碰撞及其他作用捕集粉尘或使粒径增大的装置。文丘里除尘器是一种高效的湿式除尘器，常用于高温烟气的降温和除尘。影响文丘里除尘器性能的因素较多，为了使其在合理的操作条件下达到高除尘效率，需要通过实验研究各因素影响其性能的规律。

文丘里除尘器性能（包括处理气体流量、压力损失、除尘效率及喉口速度、液气比、动力消耗等）与其结构形式和运行条件密切相关。本实验是在除尘器结构形式和运行条件已定的前提下完成除尘器性能的测定。

1. 处理气体量和喉口速度的测定和计算

利用动压法测定文丘里除尘器处理气体量 Q_G（m^3/s），应同时测出除尘器进、出口的气体流量（Q_{G1}、Q_{G2}），取两者的平均值作为测量值：

$$Q_G = \frac{1}{2}(Q_{G1} + Q_{G2}) \tag{3-8-1}$$

式中，Q_{G1}、Q_{G2} 分别为湿式除尘器进、出口连接管道中的气体流量，m^3/s。

除尘器漏风率 δ 按下式计算：

$$\delta = \frac{Q_{G1} - Q_{G2}}{Q_{G1}} \times 100\% \tag{3-8-2}$$

当实验系统漏风率小于5%时，还可采用静压法测定 Q_G，即根据测得的系统喇叭形入口均流管处平均静压（$|p_s|$），按下式计算：

$$Q_G = \phi_v A \sqrt{2|p_s|\rho} \tag{3-8-3}$$

式中，ϕ_v 为喇叭形入口均流管的流量系数；A 为测定断面的面积，m^2；ρ 为管道中气体密度，kg/m^3。

对于文丘里除尘器来说，如果雾沫分离器的除雾效率不高，则除尘器出口管道中的残余液滴会干扰测定精度。而且本实验在测定其他项目时，一般需要同时测定记录 Q_G。此时，采用静压法测定 Q_G 就比动压法更合适。

除尘器处理气体量若文丘里除尘器喉口断面面积为 A_r，则喉口速度 v_r(m/s) 为：

$$v_r = Q_G/A_r \qquad (3-8-4)$$

2. 压力损失的测定和计算

文丘里除尘器压力损失 Δp_G 为除尘器进出口气体平均全压差。实验装置中，除尘器进、出口连接管道的断面面积相等，故其压力损失可用除尘器进出口管道中气体的平均静压差 Δp_{s12} 表示，即：

$$\Delta p_G = \Delta p_{s12} - \sum \Delta p_i \qquad (3-8-5)$$

或

$$\Delta p_G = \Delta p_{s12} - (LR_L + \Delta p_m) \qquad (3-8-6)$$

式中，Δp_G 为文丘里除尘器压力损失，Pa；Δp_{s12} 为文丘里除尘器进出口管道中气体的平均静压差，Pa；$\sum \Delta p_i$ 为文丘里除尘器进口测定断面至除尘器进口和除尘器出口至除尘器出口测定断面的管道系统压力损失之和，Pa；L 为除尘器进口测定断面至除尘器进口及除尘器除出口至除尘器出口测定断面之间的管道长度，m；R_L 为单位长度管道的摩擦阻力，Pa；Δp_m 为除尘器进口测定断面至除尘器进口及除尘器出口至除尘器出口测定断面之间的管道局部阻力，Pa。

应该指出，除尘器压力损失随操作条件变化而改变，本实验的压力损失测定应在除尘器稳定运行（v_r、L 保持不变）的条件下进行，并同时测定记录 v_r、L 的数据。

3. 耗水量及液气比的测定和计算

文丘里除尘器的耗水量 Q_L 可通过设在除尘器进水管上的流量计直接读得。在同时测得除尘器处理气体量后，即可由下式求出液气比 LGR（L/m^3）：

$$LGR = Q_L/Q_G \qquad (3-8-7)$$

4. 除尘效率的测定和计算

文丘里除尘器除尘效率 η 的测定，应在除尘器稳定运行的条件下进行，并同时记录 v_r、L 等操作指标。

文丘里除尘器的除尘效率常用质量浓度法测定，即在除尘器进、出口测定断面上，用等速采样法同时测出气流含尘浓度，并按下式计算：

$$\eta = \left(1 - \frac{C_2 Q_{G2}}{C_1 Q_{G1}}\right) \times 100\% \qquad (3-8-8)$$

式中，C_1、C_2 分别为文丘里除尘器进、出口气流含尘浓度，g/m^3。

考虑到雾沫分离器不可能捕集全部液滴，文丘里除尘器出口气体中水分含量一般偏高。故在进出、口测定断面同时采样时，宜使用湿式冲击瓶作为集尘装置。

5. 除尘器动力消耗的测定和计算

文丘里除尘器动力消耗 E（$kW \cdot h/1000m^3$）等于通过除尘器气体的动力消耗与加入液体的动力消耗之和，计算式如下：

$$E = \frac{1}{3600}\left(\Delta p_G + \Delta p_L \frac{Q_L}{Q_G}\right) \qquad (3-8-9)$$

式中，Δp_G 为通过文丘里除尘器气体的压力损失，Pa（$3600Pa = 1kW \cdot h/1000m^3$）；$\Delta p_L$ 为加入除尘器液体的压力损失，即供水压力，Pa；Q_L 为文丘里除尘器耗水量，

m^3/s；Q_G 为文丘里除尘器处理气体量，m^3/s。

式（3-8-9）中所列的 Δp_G、Q_L、Q_G 已在实验中测得，因此，只要在除尘器进水管上的压力表上读得 Δp_L，便可按式（3-8-9）计算除尘器动力消耗 E。

应当注意的是，由于操作指标 v_r、L 对动力消耗（E）影响很大，所以本实验所测得的动力消耗 E 是针对某一操作状况而言的。

三、实验仪器与设备

文丘里除尘器性能实验装置如图 3-8-1 所示，其主要由文丘里凝聚器、旋风雾沫分离器、粉尘定量供给装置、粉尘分散装置、通风机、水泵和管道及其附件所组成。

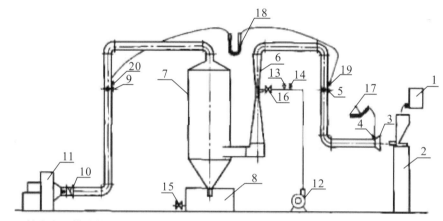

1—粉尘定量供给装置；2—粉尘分散装置；3—喇叭形均流管；4—均流管处静压测孔；
5—除尘器进口测定断面1；6—文丘里凝聚器；7—旋风雾沫分离器；8—水槽；
9—除尘器出口测定断面2；10—调节阀；11—通风机；12—水泵；13—流量计；
14—水压表；15—排污阀；16—供水调节阀；17—倾斜式微压计；18—U形管压差计；
19—除尘器进口管静压测孔；20—除尘器出口管静压侧孔

图 3-8-1　文丘里除尘器性能实验装置

粉尘定量供给装置可采用 ZGP-ϕ200 微量盘式给料机，粉尘流量调节主要通过改变刮板半径位置及圆盘转速而实现定量加料。粉尘分散装置采用吹尘器或压缩空气作为动力，将粉尘定量供给装置定量供给的粉尘试样分散成实验所需含尘浓度的气溶胶状态。

通风机是实验系统的动力装置，由于文丘里除尘器压力损失较大，本实验宜选用 9-27-12 型高压离心通风机。水泵是供水系统的动力装置，本实验可选 IS5O-32-125A 型离心水泵。

实验系统入口喇叭形均流管要求加工光滑，并预先测得其流量系数 ϕ_V。在系统入口喇叭形均流管管壁上开有静压测孔，可用来连续测量和监控除尘器入口气体流量。

文丘里除尘器由文丘里凝聚器和旋风雾沫分离器组成，目前尚无标准系列设计，可根据文丘里除尘器结构设计的一般规定以及实验的具体要求，自行设计、加工。除尘器进、出口连接管宜选择相同的管径，以便采用静压法测定气体流量。除尘器处理气体量是通过调整通风机入口前调节阀的开度而进行调节的。除尘器供水调节阀为内螺纹暗杆

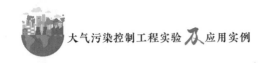

大气污染控制工程实验及应用实例

闸阀（Z15T-10K），D_g32。水槽排污阀为 Z44H-16 快速排污阀，D_g50。

本实验仪器主要有：干湿球温度计，1支；空盒式气压表，DYM-3型，1个；钢卷尺，2个；U形管压差计，1个；倾斜式微压计，YYT-200型，3台；皮托管，2支；烟尘采样管，2支；烟尘测试仪，SYC-1型，2台；湿式冲击瓶，2个；旋片式真空泵，2XZ-1型，2台；秒表，2个；光电分析天平，TC-328B型，分度值1/1000g，1台；托盘天平，分度值为1g，1台；鼓风干燥箱，DF-2O6型，1台；干燥器，2个；弹簧压力表，Y-60TQ型，1台；转子流量计，LZB-5O型，1支。

湿式冲击瓶通常使用蒸馏水收集尘粒物质。冲击瓶管嘴直径为 2.3mm，管嘴末端到瓶底间的空隙约为 5mm。冲击瓶容积是 300mL，通常放入 75～125mL 蒸馏水，当含尘气流通过接近瓶底部的玻璃管时，可冲击到瓶底，形成许多小气泡，尘粒由于运动方向的改变及同液体的接触而被捕集下来。

气体温度、压力、含湿量、流速及其含尘浓度测定的实验装置可参照烟气性能参数的测定实验。

四、实验方法与步骤

1. 准备工作

本实验中有关气体的温度、压力、含湿量、流速、流量及其含尘浓度的测定方法和具体操作步骤参照烟气性能参数的测定实验。

2. 测定

（1）测量记录室内空气的干球温度（即除尘系统中气体的温度）、湿球温度和相对湿度，计算空气中水蒸气体积分数（即除尘系统中气体的含湿量）。测量记录当地大气压力。测量记录文丘里除尘器进、出口测定断面直径和喉管直径。确定测定断面分环数和测点数，做好实验准备工作。

（2）将除尘器进、出口测定断面静压测孔与U形管压差计连接。将除尘系统入口喇叭形均流管处静压测孔与倾斜式微压计连接，记录均流管流量系数 ϕ_V，做好各断面气体静压的测定准备。

（3）启动风机，调整风机入口调节阀，使其达到实验所需气体流量，并固定调节阀。

（4）测量气体流量。在除尘器进出口测定断面同时测量记录各测点的气流动压、断面平均静压及喇叭形均流管处气流的静压$|p_s|$。关闭风机。

（5）计算各测点气流速度、各断面平均气流速度、除尘器处理气体量 Q_G 及其漏风率 δ 和喉口速度 v_r。

（6）用托盘天平称好一定量尘样 S，做好发尘准备工作。

（7）计算各测点所需采样流量和采样时间，做好采样准备。

（8）启动风机（此时应保证系统风量与预测流速时相同）。启动水泵，调整供水调节阀至液气比 LGR 在 0.7～0.1L/m³ 范围内。启动发尘装置，调整发尘浓度至 3～10g/m³。并注意保持实验系统在此条件下稳定运行。

（9）测量记录下列参数：在U形管压差计读取除尘器压力损失 Δp_G，在水压表读

取供水压力 Δp_L，在流量计读取耗水量 Q_L，在入口均流管静压测孔连接的倾斜式微压计读取静压 $|p_s|$。

（10）参照实验二的要求，在除尘器进、出口测定断面同时进行采样，并记录有关采样数据。

（11）重复步骤（9）（10）两次，即连续采样 3 次。

（12）停止发尘，关闭水泵和风机。

（13）将采集的尘样放在鼓风干燥箱里烘干，再用天平称重，就可得到采集的尘量。

（14）整理好实验用的仪器和设备。计算整理实验数据并填写实验报告。

五、实验数据整理

1. 室内空气环境参数

本实验中有关空气的温度、压力、含湿量等环境参数记录和整理参照烟气性能参数的测定实验进行相应修改，并由学生自行设计记录表汇总。

2. 文丘里除尘器性能

测定文丘里除尘器处理气体量、压力损失和除尘效率，将记录数据进行整理后，再与其他各项实验数据一起填入表 3-8-1 与表 3-8-2 中。表中，气体流量 Q_G 按式（3-8-1）计算，喉口速度 v_r 按式（3-8-4）计算，压力损失 Δp_G 按式（3-8-5）计算，液气比 L 按式（3-8-7）计算，除尘效率 η 按式（3-8-8）计算，动力消耗 E 按式（3-8-9）计算。应注意，Δp_G、Δp_L、Q_L、Q_G、v_r、η、E 皆应取 3 组实验数据，并取其 3 次平均值作为实验结果。

3. 实验数据处理与分析

实验结果分析在完成压力损失、除尘效率和喉口速度、液气比等性能参数测定后进行，应至少取得 5 组不同 v_r 或 L 下的 Δp_G 和 η 数据，再展开分析研究。

（1）压力损失、除尘效率和喉口速度的关系。

分析 Δp_G、v_r 与 η 的相互关系，并绘制 v_r—Δp_G 和 v_r—η 实验性能曲线。

（2）压力损失和喉口速度、液气比的关系。

根据取得的实验数据，分析 Δp_G 与 v_r、L 的关系，采用回归分析方法，建立 $\Delta p_G = f(v_r, L)$ 的计算模型。

表 3-8-1　文丘里除尘器性能测定记录表（一）

大气压力 p(kPa)	室内空气参数			测定断面面积		喉口面积 A_r(m²)	粉尘特性		均流管流量系数 ϕ_V
	干球温度（℃）	湿球温度（℃）	相对湿度（%）	进口（m²）	出口（m²）		种类	d_{50}(μm)	

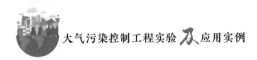

表 3-8-2　文丘里除尘器性能测定记录表（二）

序号	测定项目			符号	单位	测定数据			
						1	2	3	平均值
1	处理气体流量和喉口速度	进口气体	温度	t_1	℃				
			静压	p_{s1}	Pa				
			断面平均流速	υ_1	m/s				
			流量	Q_{G1}	m^3/s				
		出口气体	温度	t_2	℃				
			静压	p_{s2}	Pa				
			断面平均流速	υ_2	m/s				
			流量	Q_{G2}	m^3/s				
		除尘器处理气体流量		Q_G	m^3/s				
		除尘器喉口速度		υ_r	m/s				
2	耗水量			Q_L	L/h				
	液气比			LGR	L/m^3				
3	压力损失及凝聚器内静压变化	收缩管气体入口静压		p_sA	Pa				
		喉管内气体静压		p_{sRC}	Pa				
		扩散管气体出口静压		p_{sD}	Pa				
		文丘里凝聚器压力损失		Δp	Pa				
		除尘器进口气体平均静压差		Δp_{s12}	Pa				
		除尘器进口连接管道压损之和		$\sum \Delta p_i$	Pa				
		除尘器压力损失		Δp_G	Pa				
4	净化效率	进口	集尘量	ΔG_1	mg				
			采气总体积	$\sum V_{N\delta 1}$	m^3				
			含尘浓度	C_1	g/m^3				
		出口	集尘量	ΔG_2	mg				
			采气总体积	$\sum V_{N\delta 2}$	m^3				
			含尘浓度	C_2	g/m^3				
		除尘器净化效率		η	%				
5	动力消耗	除尘器供水压力		Δp_L	kPa				
		除尘器动力消耗		E	kW·h/$1000m^3$				

六、实验结果与讨论

（1）为什么文丘里防尘器性能实验应该在操作指标 v_r、L 固定的运行状态下进行测定？

（2）根据实验结果，试分析影响文丘里除尘器除尘效率的主要因素。

（3）根据实验结果，试说明降低文丘里除尘器动力消耗的主要途径。

（4）试比较采用动压法和静压法测定文丘里除尘器处理气体量的差别，并分析其原因。

实验九　大气中总悬浮颗粒物的测定

一、实验目的

1. 掌握中流量－重量法测定空气中总悬浮颗粒物的原理和方法
2. 了解监测区城的环境空气质量
3. 了解空气中 TSP 的来源和有关分析方法

二、实验原理

悬浮颗粒物是我国环境空气中的首要污染物，一般将空气动力学直径小于 $100\mu m$ 的颗粒物称为总悬浮颗粒物（TSP），它呈粒子状态（微小液滴或固体粒子）分散在空气中。

随着工业、交通运输、城市建设的迅速发展及城市市政施工、裸露地面的大量存在，大量颗粒物存在于空气中，当其浓度超过环境所能允许的浓度并持续一段时间后，会危害人们的生活、工作和健康，损害自然资源与财产等，即造成空气 TSP 污染。本实验采用中流量－重量法对 TSP 进行测定。

空气中总悬浮颗粒物被抽进采样器时，收集在已称量好的清洁滤膜上，采样后将样品滤膜按使用前的条件下再次称量，取其采样前、后滤膜质量之差除以采样体积，即是空气中总悬浮颗粒物的质量浓度。

三、实验仪器与设备

（1）采样仪器：流量采样器，流量 50～150L/min，1 台；流量计 1 个；温度计和气压计，各 1 个；秒表 1 个；干燥器 1 个；采样泵，100L/min，1 台；滤膜储存袋若干；镊子 1 把；平衡室，要求温度在 20℃～25℃ 之间，温度变化 ±3℃，相对湿度小于

50%，湿度变化小于5%，1间。

（2）分析仪器：分析天平，感量0.1mg，1台；经罗茨流量计校核的孔口校准器1台。

（3）实验材料：玻璃纤维滤膜，80~100mm，根据采样器托盘大小选择合适的滤膜，不允许过大或过小。

四、实验方法与步骤

1. 采样前阶段

（1）称量滤膜。

①滤膜检查。将滤膜透光检查，确认无针孔或其他缺陷，并去除滤膜周边的绒毛后，放入平衡室内平衡24h。

②标准滤膜（也称对照滤膜）的称量。取清洁滤膜若干，在平衡室内称量，每张滤膜至少称量10次，计算每张滤膜的平均值，得出该张滤膜的原始质量，即得标准滤膜的质量。

③滤膜的称量。在平衡室内迅速称量已平衡24h的清洁滤膜（或样品滤膜），读数准确至0.1mg，并迅速称量标准滤膜两张。若称量的质量与标准滤膜的质量差小于±5mg，记下清洁滤膜（或样品滤膜）储存袋的编号和相应滤膜的质量，并将其平展地放入滤膜储存袋中，然后储存于盒内备用；若质量差大于±5mg，应检查称量环境是否符合要求，并重新称量该样品滤膜。

（2）流量计校准。

流量计用孔口校准器进行校准。

（3）采样点设置。

设置采样点的原则如下：

①采样点应设在整个监测区的高、中、低3种不同污染物的地方。

②在污染源比较集中且主导风向较明显的区域，应将下风向作为主要监测范围，并设置相对较多的采样点；上风向设置相对较少的采样点。

③污染物浓度超标地区要适当增设采样点，污染物浓度小的地区要适当少设采样点。

④采样点周围应无污染源，且要避开树木和建筑物。

⑤采样点周围应开阔，采样口水平线与周围建筑物高度夹角应小于30°。

⑥各采样点的设置条件尽可能一致或标准化，使获得的监测数据有可比性。

⑦采样高度应根据监测目的确定：研究大气污染对人体的危害，采样口应距地面1.2~1.5m；研究大气污染对植物等的影响，采样高度应与植物等的高度相近；特殊地区应根据实际情况确定采样高度。

（4）采样点数目。

一个监测区内的采样点数目应根据监测目的和监测区域特点具体确定。一般情况下，采样点数目是与经济投资和精度要求相关的效益函数。

（5）布点方法。

常见布点方法有功能区布点法、网格布点法、同心圆布点法和扇形布点法等。在实际工作中，应因地制宜，使采样点设置合理，往往采用以一种布点方法为主，其他方法为辅的综合布点方法。

2. 采样阶段

（1）组装采样系统。按图3-9-1的连接方式将采样器安装在选定位置上，采样器距地面高1.2m，再连接气路和电路，在未确认连接正确之前不得接通电源。

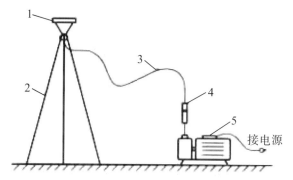

1—TSP采样器；2—三角支架；3—连续软管；4—转子流量计；5—抽气泵

图3-9-1　实验装置连接示意图

（2）安装滤膜。将已称量好的清洁滤膜从滤膜储存袋中取出，"毛面"向上迎对气流方向，平放在采样器托盘上，按紧加固圈和密封圈后，拧紧采样夹，如图3-9-2所示。

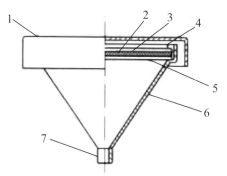

1—采样夹；2—托盘；3—滤膜；4—加固圈；5—密封圈；

6—采样器底盘；7—抽气口

图3-9-2　XP-100型TSP采样器

（3）按预定流量（一般为100L/min）开始采样时，开启秒表计，并记录环境空气中大气压力、温度、风向和风速等参数。

（4）采样期同，应随时调整流量，使之保持预定的采样流量。

3. 采样后阶段

（1）首先关闭采样器的电源和秒表，记录好采样时间。

（2）轻轻拧开采样夹，用镊子小心取下滤膜，使滤膜表面"毛面"朝内，以采样有效面积的长边为中线两次对叠成 1/4 圆的形状（图 3-9-3）后，放入滤膜储存袋中。

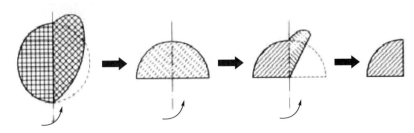

▨▨▨ 滤膜毛面　▨▨▨ 滤膜光面

图 3-9-3　样品滤膜折叠示意图

（3）采样后的样品滤膜称量方法与采样前相同。

五、实验数据整理

空气中 TSP 浓度按式（3-9-1）和式（3-9-2）计算。

$$C_{TSP} = \frac{m}{Q_n t} \tag{3-9-1}$$

式中，C_{TSP} 为标准状况下空气中 TSP 的浓度，mg/m^3；m 为采集在滤膜上的总悬浮颗粒物的质量，$m = m_1 - m_2$，mg；Q_n 为标准状况下的采样流量，m^3/min；t 为采样时间，min。

$$Q_n = Q_2\sqrt{\frac{T_3 p_2}{T_2 p_3}} \times \frac{273 p_3}{101.3 T_3} = 2.69 Q_2\sqrt{\frac{p_3 p_2}{T_2 T_3}} \tag{3-9-2}$$

式中，Q_2 为现场采样流量，m^3/min；T_2 为流量计现场校准时的大气温度，K；T_3 为现场采样时的大气温度，K；p_2 为流量计现场校准时的大气压力，kPa；p_3 为现场采样时的大气压力，kPa。总悬浮颗粒物采样记录表见表 3-9-1。

表 3-9-1　总悬浮颗粒物采样记录表

实验时间_____年___月___日　　　采样地点_____

实验编号	1	2	3
滤料编号			
流量计现场校准时的大气压 p_2(kPa)			
现场采样时的大气压力 p_3(kPa)			
流量计现场校准时的大气温度 T_2(K)			
现场采样时的大气温度 T_3(K)			
风向			
风速(m/s)			
采样流量 Q_2(L/min)			

实验编号	1	2	3
采样时间 t（min）			
滤膜采样前质量 m_1（g）			
滤膜采样后质量 m_2（g）			
样品质量 m（g）			
标准状况下 TSP 浓度 C_{TSP}（mg/m³）			

注：若 T_3、p_3 与 T_2、p_2 相近，可用 T_2、p_2 代之。

六、实验结果与讨论

（1）影响粉尘浓度测试精度的因素有哪些？
（2）环境空气中总悬浮颗粒物的来源有哪些？
（3）现有的测定总悬浮颗粒物的方法有哪些？优缺点各是什么？
（4）若采样流量不稳定，对实验结果有何影响？
（5）若对污染源进行测定，是否需要背景值的测量？如何测量？
（6）采样后的滤膜四周白边与颗粒物边界模糊说明什么？怎样解决？
（7）滤膜在恒重称量时应注意哪些问题？

实验十　大气中可吸入颗粒物的测定

一、实验目的

1. 掌握中流量-重量法测定空气中可吸入颗粒物（PM₁₀）的原理和方法
2. 了解空气中可吸入颗粒物的来源和有关分析方法
3. 了解空气中可吸入颗粒物的危害性

二、实验原理

可吸入颗粒物是我国环境空气中的主要污染物，一般按空气动力学直径将小于 $10\mu m$ 的颗粒物称为可吸入颗粒物（PM₁₀），呈悬浮状态（微小液滴或粒子）分散在空气中。可吸入颗粒物具有气溶胶性质，它易随呼吸进入人体肺部，进而在呼吸道或肺泡内积累，并可进入血液循环，对人体健康危害极大。

应用 50% 截止点为 $10\mu m$ 的旋风式分级个体采样器，按规定流量采样，空气中悬浮

颗粒物按照空气动力学特性分级，PM_{10}被收集在已称量好的滤膜上。根据采样前后滤膜质量的差值和采样体积，即可计算空气中可吸入颗粒物的质量浓度。

三、实验仪器与设备

（1）采样仪器：旋风式可吸入颗粒物采样器（流量 50～150L/min），1 台；流量计，1 个；温度计和气压计，各 1 个；秒表，1 个；干燥器，1 个；采样器 100L/min，1 台；滤膜储存袋若干；镊子，1 把；平衡室（要求温度在 20℃～25℃，温度变化±3℃，相对湿度小于 50%，湿度变化小于 5%），1 间。

（2）分析仪器：分析天平，感量 0.01mg，1 台；经罗茨流量计校核的孔口校准器，1 台。

（3）试剂：玻璃纤维滤膜（ϕ80～100mm），根据采样器托盘大小选择合适的滤膜，不允许过大或过小。

四、实验方法步骤

1. 采样前阶段

（1）称量滤膜。

①滤膜检查。将滤膜透光检查，确认无针孔或其他缺陷并去除滤膜周边的绒毛后，放入平衡室内平衡 24h。

②标准滤膜（也称对照滤膜）的称量。取清洁滤膜若干，在平衡室内称量，每张滤膜至少称量 10 次，计算每张滤膜的平均值，得出该张滤膜的原始质量，即得标准滤膜的质量。

③膜的称量。在平衡室内迅速称量已平衡 24h 的清洁滤膜（或样品滤膜），读数准确至 0.1mg，并迅速称量标准滤膜两张。若称量的质量与标准滤膜的质量相差小于±5mg，记下清洁滤膜（或样品滤膜）储存袋的编号和相应滤膜质量，并将其平展地放入滤膜储存袋中，然后储存于盒内备用；若质量相差大于±5mg，应检查称量环境是否符合要求，并重新称量该样品滤膜。

（2）流量计校准。

流量计用孔口校准器进行校准。

（3）采样点设置。

同环境空气中总悬浮颗粒物的测定实验一致。

2. 采样阶段

（1）组装采样器。按图 3-10-1 的连接方式将采样器安装在选定位置上，采样器距地面高 1.2m，连接气路和电路，在未确认连接正确之前不得接通电源。

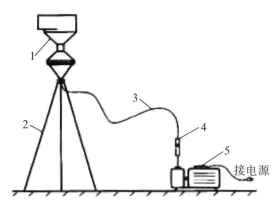

1—PM₁₀采样器；2—三角支架；3—连接软管；4—转子流量器；5—抽气泵

图 3-10-1 实验装置连接示意图

（2）安装滤膜。将已称量好滤膜从滤膜贮存袋中取出，"毛面"向上迎对气流方向，平放在采样器托盘上，按紧加固圈和密封圈后，拧紧采样夹，如图 3-10-2 所示。

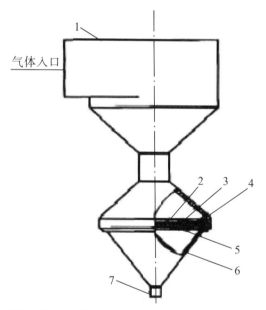

1—旋风气体进口装置；2—托盘；3—滤膜；4—加固圈；

5—密封圈；6—采样器底盘；7—抽气口

图 3-10-2 PM₁₀采样器示意图

注意，有些 PM₁₀采样器的抽气口在采样器上方，安装滤膜时不要安装错误。

（3）按预定流量（一般为 100L/min）开始采样时，并开启秒表计，记录环境空气中大气压力、温度、风向和风速等参数。

（4）采样期间，应随时调整流量，使之保持预定的采样流量。

（5）测定日平均浓度一般从当日 8：00 开始采样至次日 8：00 结束，若污染严重，可用几张滤膜分段采样，合并计算日平均浓度。

3. 采样后阶段

（1）同时关闭采样器的电源和秒表，记录采样时间。

（2）轻轻拧开采样夹，用镊子小心取下滤膜，使滤膜"毛面"朝内，以采样有效面积的长边为中线，两次对叠形成1/4圆的形状后，放入滤膜贮存袋中。

五、实验数据整理

空气中PM_{10}浓度按式（3−10−1）及式（3−9−2）计算。

$$C_{PM_{10}} = \frac{W}{Q_N \cdot t} \qquad (3-10-1)$$

式中，$C_{PM_{10}}$为标准状态下空气中PM_{10}浓度，mg/m^3；W为采集在滤膜上的可吸入颗粒物的质量$W = W_2 - W_1$，mg；Q_N为标准状态下的采样流量，m^3/min；t为采样时间，min。

可吸入颗粒物采样记录表见表3−10−1。

表 3−10−1 可吸入颗粒物采样记录表

实验时间：_____年___月___日   实验地点：_____

实验编号	1	2	3
滤料编号			
流量计现场校准时的大气压力 p_2(kPa)			
现场采样时的大气压力 p_3(kPa)			
流量计现场校准时的大气温 T_2(K)			
现场采样时的大气温度 T_3(K)			
风向			
风速(m/s)			
采样流量 Q_2(L · min)			
采样时间 t(min)			
滤膜采样前质量 W_1(g)			
滤膜采样后质量 W_2(g)			
样品质量 W(g)			
标准状态下 PM_{10} 浓度 $C_{PM_{10}}$(mg/m³)			

六、实验结果与讨论

（1）环境空气中可吸入颗粒物的来源有哪些？对人体的危害有哪些？

（2）现有的测定可吸入颗粒物的方法有哪些？优缺点各是什么？

（3）可吸入颗粒物的浓度大小与能见度的好坏有何关系？

（4）讨论城市空气中可吸入颗粒物持续污染并成为主要污染物的原因有哪些。

实验十一　烟气含尘浓度的测定

一、实验目的

1. 掌握烟道尘样采集与分析的原理和方法
2. 了解烟气测试的特点，并掌握烟气测试的技能
3. 了解 SYC-1 型烟气测试仪，KC 型尘粒采样仪的操作方法
4. 掌握烟气含尘浓度的计算方法

二、实验原理

测定烟气含尘浓度可以计算管道气体中的粉尘排放量、确定排尘点源源强、查清当地污染来源是否符合国家现行排放标准、正确评价除尘装置的效能等。

污染源含尘浓度的测定一般采用如下方法：从烟道中抽取一定量的含尘烟气，借助滤筒收集烟气中的颗粒，根据收集尘粒的质量和抽取烟气的体积，求出烟气的含尘浓度。为取得有代表性的样品，必须进行等动力采样，即尘粒进入采样嘴的速度等于该点的气流速度，因此，需要预测烟气流速，再换算成实际控制的采样流量。图 3-11-1 是等动力采样情形，图中采样头安装在与气流平行的位置，采样速度与烟气流速相同，即采样头内外的流场完全一致，故随气流运动的颗粒并没有受到任何干扰，仍按原来的方向和速度进入采样头。

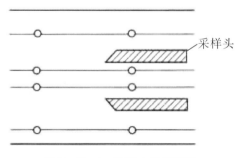

图 3-11-1　等动力采样情形

图 3-11-2 是非等动力采样情形。图 3-11-2（a）中，采样头与气流有一夹角 θ，烟气气流虽保持原来速度，但方向改变了，由于颗粒具有惯性，它与气流的运动发生偏差，因此原来样品中的颗粒不能随烟气进入采样头；图 3-11-2（b）中采样头虽与烟气流线平行，但抽气速度超过样品原来的速度，由于惯性作用，采样体积中的颗粒物并没有全部进入采样头；图 3-11-2（c）中，采样头内速度低于烟气流速，导致样品体积以外的颗粒进入采样头。由此可见，等动力采样对采集有代表性的样品是非常重要的。

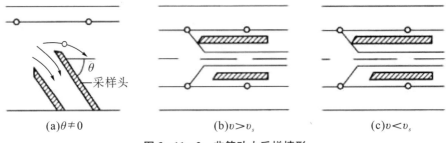

(a)$\theta \neq 0$ (b)$v > v_s$ (c)$v < v_s$

图 3-11-2 非等动力采样情形

三、实验仪器与设备

本实验仪器主要有：烟道气测试仪（以下简称测烟仪），SYC-I型，1台；尘粒采样仪（以下简称抽气泵），KC型，1台；超细玻璃纤维滤筒采样管：$\phi 27 \times 70$，$\phi 32 \times 120$，长度1200mm，1根；不同内径的采样嘴，1盒；尘粒收集装置：玻璃纤维滤筒，若干；倾斜压力计，YYT-200B型，1台；皮托管，1支；热电偶，REA型，1支；干湿球温度计，NHM-2型，1个；盒式压力计，DYM-3型，1个；橡胶管，若干；计算器，1个；温度计，1支。

烟尘采样系统必须考虑到烟气温度高、含湿量大、含尘浓度高、腐蚀性强等特点，包括五大部分，组成结构如图3-11-3所示。

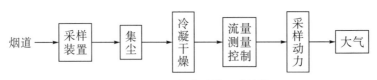

图 3-11-3 烟尘采样组成结构

烟尘采样系统如图3-11-4所示，用橡胶管连接抽气泵背面中央的管口C与测烟仪背面的出气口B。在采样管的尾部连接足够长的橡胶管与测烟仪进气口A相连。

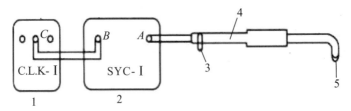

1—抽气泵；2—测烟仪；3—手柄；4—采样管（内装滤筒）；5—采样嘴

图 3-11-4 烟尘采样系统示意图

四、实验方法与步骤

1. 准备工作

（1）滤筒预处理。

将滤筒编号后，在105℃烘箱中烘2h，取出滤筒置于干燥器内冷却20min，用分析天平测得初重并记录。

（2）采样位置、测孔、测点的选择。

在水平烟道中，由于烟尘重力的沉降作用，较大的尘粒有偏离流线向下运动的趋势，而垂直烟道中尘粒分布较均匀，故应优先考虑在垂直管段上取样。测孔直径随采样头的几何尺寸而定，一般为60～100mm，测点选择与烟气参数的测定实验一致。

（3）锅炉负荷的调试。

调节引风机、鼓风机风量及燃煤量，使锅炉负荷、热态、风量达到指定的量，以便在不同热态下进行测试。一般测试时，锅炉运行工况必须达到额定负荷的80％以上，以便取到有代表性的样品。

2. 烟流参数、环境温度及压力的测定

（1）烟气参数的测定与烟气参数的测定实验一致。

（2）用盒式压力计、温度计测量现场环境的压力和温度。

3. 采样嘴的选备

选择采样嘴时应遵循以下原则：

（1）采样嘴的直径要足够大，否则会使大的尘粒排斥在外，并使单位时间内采集的烟气体积偏小，不能达到所要求的样品数。

（2）采样嘴的直径不能太大，以便在现有抽气动力条件下达到等速采样的要求。

4. 烟尘采样及流量计算

（1）把预先干燥、恒重、编号的滤筒用镊子小心地装在采样管的采样头内，再把选配好的采样嘴装到采样头上。

（2）由于烟尘取样需等动力采样，即含烟尘气进入采样嘴的速度要与烟道内该点烟气流速相等，因此，需要算出每一个采样点控制流量（Q_r）。

若干烟气组分与干空气近似，当$R_s=2.15$时，可按下式计算：

$$Q_r = 0.0037d^2V_s\frac{B_a+p_s}{T_s}\left[\frac{T_r}{R_s(B_a+p_r)}\right]^2(1-x_{sw}) \qquad (3-11-1)$$

式中，Q_r为等速采样时测烟仪或抽气泵流量计的读数，L/min；d为采样嘴直径，mm；V_s为采样点烟气流速，m/s；B_a为大气压，Pa；p_s为烟气静压，Pa；p_r为测烟仪压力表读数，Pa；T_s为烟气热力学温度，K；T_r为测烟仪温度（温度表读数），K；x_{sw}为烟气含湿量，％；R_s为干烟气气体常数，其值为2.15。

5. 系统操作

（1）打开抽气泵和测烟仪的电源开关（指示灯亮），此时两台仪器的4个流量计的示数均调为零。

（2）先调节测烟仪的流量计Ⅱ，使其流量为某采样点的控制流量（如果流量较大可依次用测烟仪的流量计Ⅱ及抽气泵的流量计Ⅰ、Ⅱ），然后关闭真空泵。

（3）将采样管插入采样孔，找准采样点位置，使采样嘴背对气流预热 10min，再转动 180°，即采样嘴正对气流方向，同时打开抽气泵的开关，逐点采集尘样。

（4）各点采样完毕，关掉仪器开关，抽出采样管，待温度降下后，小心取出滤筒保存好。

（5）烟道内各采样点的采样时间一般都取同一数值，它是由各点控制流量和总采气量决定的，即：

$$Q_{总} = Q_1 t_1 + Q_2 t_2 + \cdots + Q_i t_i \qquad (3-11-2)$$

式中，Q_i 为采样时流量计控制流量，L/min；t_i 为各采样点的采样时间，min。总采样量是由烟道尘含量的多少在现场决定的。

（6）将采集尘样的滤筒放在 105℃烘箱中烘 2h，取出置于玻璃干燥器内冷却 20min后，用分析天平称量。

五、实验数据整理

将烟气参数和环境参数、烟尘测试数据分别填入表 3-11-1 和表 3-11-2 中。

表 3-11-1　烟气状态参数和环境参数记录

炉窑名称：_____　蒸发量：_____ t/h　燃煤量：_____ t/d　净化设备：_____
测孔位置：_____　测孔面积：_____ m²　烟囱高度：_____ m
大气温度：_____℃　大气压力：_____ Pa
烟气温度：_____℃　压力计型号：_____　皮托管系数 K_p：_____
烟道全压 H：　　静压负 p_i：
动压 H_d：(1) _____　(2) _____　(3) _____　(4) _____　(5) _____
(6) _____　(7) _____　(8) _____　(9) _____
各点烟气流速 $v_t = 0.24 K_p \sqrt{273 + t_s} \cdot \sqrt{H_d}$ (1) _____　(2) _____　(3) _____　(4) _____　(5) _____   (6) _____　(7) _____　(8) _____　(9) _____
干球温度：_____℃　湿球温度：_____℃　负压表读数 p_b：_____ Pa   烟气含湿量 $\phi_{SW} = \dfrac{p_{bv} - 0.00066 (t_c - t_b)(B_a - p_b)}{B_s}$

表 3-11-2　烟尘测试数据记录表

采样点号	采样嘴直径(mm)	采样流量(L/min)	采样时间(min)	采样体积(L)	滤筒编号	滤筒初重(mg)	滤筒总重(mg)	烟尘浓度(mg/L)
1								
2								
3								

采样点号	采样嘴直径(mm)	采样流量（L/min）	采样时间（min）	采样体积（L）	滤筒编号	滤筒初重（mg）	滤筒总重（mg）	烟尘浓度（mg/L）
4								
5								
6								
7								
8								
9								

将采样体积换算成环境温度下的体积：

$$V_t = V_r \frac{273 + T_r}{273 + T_t} \times \frac{p_t}{p_r} \qquad (3-11-3)$$

式中，V_t 为环境温度下的采样体积，L；V_r 现场采样体积，L；T_t 为环境温度，℃；T_r 为测烟仪温度表读数，℃；p_t 为环境大气压，Pa；p_r 为测烟仪压力表读数，Pa。

2. 烟尘浓度（C）的计算

$$C = \frac{W_2 - W_1}{V_t} \qquad (3-11-4)$$

式中，W_1 为采样前滤筒经恒重后的质量，mg；W_2 为采样后滤筒经恒重后的质量，mg；V_t 为环境温度下采样体积，L。

六、实验结果与讨论

1. 采集烟尘为什么要等动力采样？
2. 当烟道截面比较大时，为了减小烟尘浓度随时间的变化，能否缩短采样时间？
3. 为什么测孔选在流速比较大（5m/s）的烟道段？
4. 实验时，在采样、测量过程中应注意什么？
5. 你认为实验还有哪些需要改进的地方？

第四章　气态污染控制实验

第一节　空气中污染物的测定

实验一　空气中 SO_2 浓度的测定

一、实验目的

1. 掌握四氯汞盐副玫瑰苯胺分光光度法测定二氧化硫的方法和原理
2. 掌握试剂配制及二氧化硫的分析和计算方法
3. 掌握标准曲线的制作及用最小二乘法处理数据的方法
4. 了解空气中二氧化硫的来源和有关分析方法
5. 了解监测区域的二氧化硫污染程度

二、实验原理

SO_2 是环境空气中的重要污染物之一，是导致酸雨形成的主要物质之一。本实验采用四氯汞盐副玫瑰苯胺分光光度法进行测定。

二氧化硫被四氯汞钾（TCM）溶液吸收后，生成稳定的二氯亚硫酸盐配合物，再与甲醛及盐酸副玫瑰苯胺作用，生成紫红色配合物，用分光光度法比色定量测定。检出限为 $0.4\mu g/5mL$。当三氧化硫浓度低于 $0.025\mu g/mL$ 时，需增大采样体积，但必须检查及校正采样的吸收效率；当二氧化硫浓度高于 $0.025\mu g/mL$ 时，吸收效率大于 98%。

三、实验仪器及设备

1. 采样仪器

多孔玻板吸收管、小型冲击式吸收管，用于短时间（一般为 30min～1h）采样，1 个；5～125mL 多孔玻板吸收瓶或 125mL 洗气瓶，用于 24h 采样，1 个；干燥器，1 个；测量装置，包括转子流量计、温度计、压力计，1 套；采样泵，0～1L/min，1 台。

2. 分析仪器

分光光度计，1 台；分析天平，感量 0.1mg，1 台；具塞比色管，10mL，10 支；滴定管，10mL 2 个，25mL 2 个；锥形瓶，250mL，4 个；容量瓶，100mL 1 个，500mL 1 个，1000mL 3 个；移液管；胶头滴管等。

3. 实验试剂

（1）所用水为除去氧化剂的蒸馏水。

（2）配制 0.04mol/L 四氯汞钾吸收液：称取 10.9g 氯化汞、6g 氯化钾和 0.07g 乙二胺四乙酸二钠盐（Na_2-EDTA），溶于水中，稀释至 1000mL 后的溶液（pH≈4），并用氢氧化钠溶液调节 pH 为 5.2 左右，将其保存在密闭容器中稳定 6 个月，若发现有沉淀出现，则溶液不能使用。

（3）配制 6.0g/L 氨基磺酸铵溶液：称取 0.6g 氨基磺酸铵溶于水中，并稀释到 100mL，应现用现配。

（4）配制 2.0g/L 甲醛溶液：量取 1.4mL 36%～38% 甲醛溶解于水中，并稀释至 100mL，待用。

（5）配制 0.10mol/L 碘储备液：称取 12.7g 碘（I_2）置于烧杯中，加入 40g 碘化钾（KI）和 25mL 水，搅拌至全部溶解后，再用水稀释至 1000mL，储于棕色试剂瓶中保存。

（6）配制 0.01mol/L 碘溶液：量取 50mL 0.10mol/L 碘储备液，用水稀释至 500mL，储于棕色试剂瓶中保存。

（7）配制淀粉指示剂：称取 0.2g 可溶性淀粉（可加 0.4g 二氯化锌防腐），用少量水调成糊状物，倒入 100mL 沸水中，继续煮沸直到溶液澄清。冷却后储于试剂瓶中。

（8）配制 0.1000mol/L 碘酸钾标准溶液：称取 3.5668g 碘酸钠（优级纯），溶于水中，移入 1000mL 容量瓶中，用水稀释至标线。

（9）配制 0.10mol/L 硫代硫酸钠储备液，称取 25g 硫代硫酸钠置于 1L 新煮沸但已冷却的水中，加 0.2g 无水碳酸钠，储于棕色试剂瓶中，放置一周后标定其浓度，若溶液呈现浑浊，则应过滤。其标定方法为：吸取 0.10mol/L 碘酸钾标准溶液 10.00mL，置于 250mL 碘量瓶中，加 70mL 新煮沸但已冷却的水和 1.0g 碘化钾，振荡至完全溶解后，再加 1mol/L 盐酸溶液 10mL，立即盖好瓶塞，混匀。在暗处放置 5min 后，用 0.1mol/L 硫代硫酸钠溶液滴定至淡黄色，加 5mL 淀粉指示剂，溶液呈现蓝色，再继续滴定至蓝色刚刚消失。平行滴定所用硫代硫酸钠溶液体积之差应不大于 0.05mL。

计算硫代硫酸钠溶液的浓度：

$$c = \frac{0.1000 \times 10.00}{V} \tag{4-1-1}$$

式中，c 为硫代硫酸钠溶液物质的量浓度，mol/L；V 为滴定时消耗硫代硫酸钠溶液的体积，mL。

（10）配制 0.01mol/L 硫化硫酸钠标准溶液：取 50.00mL 标定过的 0.1mol/L 硫代硫酸钠溶液，置于 500mL 容量瓶中，用新煮沸但已冷却的水稀释至标线。

（11）配制亚硫酸钠标准溶液：称取 0.200g 亚硫酸钠（Na_2SO_3）及 0.010g 乙二胺

四乙酸二钠，将其溶于 200mL 新煮沸但已冷却的水中，轻轻摇匀（避免振荡，以防充氧）。放置 2～3h 后标定。1mL 此溶液相当于含 320～400μg 二氧化硫。其标定方法如下：

①取 4 个 250mL 碘量瓶（A_1、A_2、B_1、B_2），分别加入 50.00mL 0.01mol/L 碘溶液。

②在 A_1、A_2 瓶内各加入 25mL 水，在 B_1 瓶内加入 25.0mL 亚硫酸钠标准溶液，盖好瓶塞。

③立即吸取 2.00mL 亚硫酸钠标准溶液，加入已加有 40～50mL 四氯汞钾溶液的 100mL 容量瓶中，使其生成稳定的二氯亚硫酸盐配合物。

④再吸取 25.00mL 亚硫酸钠标准溶液于 B_2 瓶中，盖好瓶塞，用四氯汞钾吸收液将 100mL 容量瓶中的溶液稀释至标线。

⑤A_1、A_2、B_1、B_2 4 个容量瓶在暗处放置 5min 后，用 0.01mol/L 硫代硫酸钠溶液滴定至淡黄色，加 5mL 淀粉指示剂，继续滴定至蓝色刚好褪去。平行滴定所用硫代硫酸钠溶液体积之差应不大于 0.05mL，取平均值计算浓度。

计算 100mL 容量瓶中亚硫酸钠标准溶液浓度：

$$\rho_{SO_2} = \frac{(V_0 - V)c \times 32.02 \times 1000}{25.00} \times \frac{2.00}{100} \qquad (4-1-2)$$

式中，ρ_{SO_2} 相当于二氧化硫的浓度，μg/mL；V_0 为滴定空白（A 瓶）时消耗硫代硫酸钠标准溶液的体积平均值，mL；V 为滴定样品（B 瓶）时消耗硫代硫酸钠标准溶液的体积平均值，mL；c 为硫代硫酸钠标准溶液物质的量浓度，mol/L；32.02 相当于 1mol/L 硫代硫酸钠溶液的二氧化硫（$\frac{1}{2}SO_2$）的质量，mg。

根据以上计算的二氧化硫浓度，再用四氯汞钾吸收液稀释成每毫升含 2.0μg 二氧化硫的标准溶液，此溶液用于绘制标准曲线，可在冰箱中存放 20d。

（12）配制 0.2 盐酸副玫瑰苯胺（也称对品红，PRA）储备液：称取 0.20g 已提纯的盐酸副玫瑰苯胺，溶解于 100mL 盐酸溶液（1.0mol/L）中。

（13）配制 3mol/L 磷酸溶液：量取 41mL 85% 的浓磷酸，用水稀释到 200mL。

（14）配制 0.015 盐酸副玫瑰苯胺使用液：吸取 0.2% 盐酸副玫瑰苯胺储备液 20.00mL，置于 250mL 容量瓶中，加入 3mol/L 磷酸溶液 25mL，用水稀释至标线，至少放置 24h 后才可以使用。

四、实验方法与步骤

1. 采样

（1）当采样时间为 30min 或 60min 时，用 10mL 四氯汞钾吸收液吸收，采样流量为 0.5L/min；当采样时间为 24h 时，用 50mL 四氯汞钾吸收液吸收，采样流量为 0.2L/min，并保持采样温度为 10℃～16℃。

（2）调节采样流量，保持流量为 1L/min，并记录温度、压力、采样时间等参数。

2. 绘制标准曲线

（1）取 7 支 25mL 具塞比色管，按表 4-1-1 所列参数配制标准色列。

表 4-1-1　亚硫酸钠标准色列

项目	比色管编号						
	0	1	2	3	4	5	6
亚硫酸钠标准溶液（2.0μg/mL）体积（mL）	0	0.60	1.00	1.40	1.60	1.80	2.20
四氯汞钾溶液（mL）	5.00	4.40	4.00	3.60	3.40	3.20	2.80
二氧化硫含量（μg）	0	1.2	2.0	2.8	3.2	3.6	4.4
吸光度							

（2）在以上各管中加入 6.0g/L 氨基磺酸铵溶液 0.50mL 后摇匀，加入 2.0g/L 甲醛溶液、0.50mg/L 及 0.2mg/L 盐酸副玫瑰苯胺溶液 1.50mL。

（3）当室温为 15℃～20℃时，进行显色反应 30min，当室温为 25℃～30℃时，进行显色反应 15min。并用 1cm 比色皿在 575nm 处以水为参比分别测定吸光度，将结果填入表 4-1-1。以表 4-1-1 中的吸光度对二氧化硫含量绘制标准曲线，用最小二乘法计算回归方程式。

$$y = bx + a \qquad (4-1-3)$$

式中，y 为标准溶液的吸光度 A 与试剂空白液吸光度 A_0 之差；x 为二氧化硫含量；b 为回归方程式的斜率；a 为回归方程式的截距。

3. 样品分析

（1）样品中若有浑浊物，应离心分离去除。

（2）当采样时间为 30min 或 60min 时，将吸收管中的吸收液全部移入 10mL 具塞比色管内，并用少量水洗涤吸收管，洗涤液并入具塞比色管中，使总体积为 5mL，加入 6.0g/L 氨基磺酸铵溶液 0.50mL 摇匀后放置 10min，以去除氮氧化物的干扰；测定吸光度的方法与绘制标准曲线步骤中的步骤（2）和（3）相同；对照标准曲线可知样品中的二氧化硫含量。

（3）当采样时间为 24h 时，首先将采集样品后的吸收液全部移入 50mL 容量瓶中，用少量水洗涤吸收管，洗涤液并入大容量瓶中，并稀释到标线，摇匀；吸取适量样品溶液置于 10mL 具塞比色管中，用吸收液定容至 5.00mL；后续步骤与 30min 或 60min 采样样品测定方法相同。

4. 注意事项

（1）样品采集、运输和储存过程中，应避免日光直接照射。

（2）样品采集后若不能当天测定，需将样品置于冰箱中保存。

（3）品红试剂必须提纯后才可以使用，避免所含杂质引起的试剂空白值增加，降低灵敏度。

（4）温度对显色影响较大，当温度升高时空白值增加。

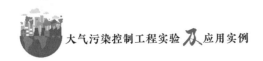

（5）六价铬对实验有干扰，它能使紫红色配合物褪色，应避免使用硫酸－铬酸洗液洗涤器皿。

（6）四氯化汞溶液剧毒，使用时必须小心污染皮肤或环境。

五、实验数据整理

计算样品中二氧化硫浓度：

$$\rho_{SO_2} = k\frac{(A - A_0) - a}{bV_r} \tag{4-1-4}$$

式中，ρ_{SO_2} 为标准状况下样品中二氧化硫浓度，mg/m^3；k 为稀释系数，当采样时间为 30min 或 60min 时，$k=1$，当采样时间为 24h 时，$k=7.5$ 或 10；b 为回归方程式的斜率；a 为回归方程式的截距；A 为样品溶液吸光度；A_0 为试剂空白液吸光度；V_r 为标准状况下的采样体积，L。

六、实验结果与讨论

（1）环境空气中二氧化硫的来源有哪些？

（2）现有的测定二氧化硫的方法有哪些？优缺点各是什么？

（3）绘制标准曲线的作用是什么？对实验结果有什么影响？

（4）若采样样品中有 NO_x 被吸收，会不会对实验测定产生干扰，如果会，应采用什么方法消除？

实验二　空气中氮氧化物的测定

一、实验目的

1. 掌握盐酸萘乙二胺分光光度法测定氮氧化物的方法和原理
2. 掌握测定氮氧化物所需试剂的配制方法
3. 了解空气中氮氧化物的来源和有关分析方法

二、实验原理

空气中的氮氧化物是空气的重要污染物质之一，是形成酸雨的重要物质之一。本实验采用盐酸萘乙二胺分光光度法对空气中的氮氧化物进行测定。

氮氧化物经氧化管后，以二氧化氮的形式吸收在水中，生成的亚硝酸与对氨基苯磺酸溶液起重氮化反应，然后与盐酸萘乙二胺耦合生成玫瑰红色偶氮化合物，比色定量。

检出下限为 $0.25\mu g/5mL$。

三、实验仪器与设备

1. 采样仪器

多孔玻板吸收管，1 个；双球玻璃氧化管内装三氧化铬－砂子，1 个；测量装置，包括转子流量计、温度计、压力计，1 套；采样泵，$0\sim1L/min$，1 台。

2. 分析仪器

分光光度计，1 台；具塞比色管，10mL，10 支；滴定管 1 个；容量瓶，100mL、1000mL，各 1 个；锥形瓶，250mL，4 个；分析天平，感量 0.1mg，1 台；移液管；胶头滴管等。

3. 实验试剂

所有试剂均需用不含亚硝酸根（NO_2^-）的水配制。其校验方法是：配制的吸收液对 540nm 光的吸光度不超过 0.005。

（1）配制吸收液：将 50mL 冰醋酸与 900mL 水在 1000mL 容量瓶中混合后，加入 5.0g 对氨基苯磺酸，搅拌至全部溶解，再加入 0.05g 盐酸萘乙二胺，用水稀释至 1000mL，储于棕色瓶中，并应密封瓶口，放在冰箱中可保存 1 个月。

采样时，取 4 份上述原液和 1 份水混合均匀即为吸收液。

（2）配制氧化剂：筛取 $20\sim40$ 目砂子，用盐酸溶液（1：2）浸泡一夜后，再用水洗至中性烘干。将三氧化铬与砂子按质量比（1：20）混合，加少量水调匀，于 105℃ 下烘干，在烘干过程中应搅拌几次。称量 8g 三氧化铬－砂子装入双球玻璃管（氧化管）内，两端用少量脱脂棉塞好，并将两端用胶管密封以备用。

（3）配制亚硝酸钠标准溶液：准确称量 0.1500g 已干燥好的亚硝酸钠（一级），用少量水溶解，移入 1000mL 容量瓶中，并加水至刻度制成亚硝酸钠储备液。每毫升此溶液含有 $100.0\mu g$ NO_2^-，储于棕色瓶中，冰箱内可保存 1 个月。使用时，吸取 5mL 亚硝酸钠储备液于 100mL 容量瓶中，加水至标线，制成亚硝酸钠标准溶液。

四、实验方法与步骤

1. 采样

（1）用一个内装 5.00mL 吸收液的多孔玻板吸收管，进气口接三氧化铬－砂子氧化管，并使管口略微向下倾斜，以免潮湿空气将氧化剂弄湿，而污染后面的吸收液。

（2）将吸收管的出气口与空气采样泵连接，以 0.3L/min 的流量避光采样，至吸收液变为淡玫瑰红色为止。如不变色，采气应不少于 5L。采样时，记录好采样现场的大气温度和压力。

（3）采样完毕后，关机并记录好采样时间，密封好采样管，带回实验室，当日测定。

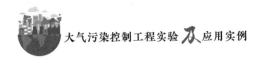

2. 实验分析

(1) 绘制标准曲线。取 7 支 10mL 具塞比色管，按表 4-2-1 所列参数配制标准色列。将各管中溶液摇匀，避开阳光直射放置 15min 后，在 540nm 波长处用 1cm 比色皿，以水为参比，测定吸光度，将结果填入表 4-2-1 中。

表 4-2-1 亚硝酸钠标准色列

项目	比色管编号						
	0	1	2	3	4	5	6
亚硝酸钠标准溶液（mL）	0	0.10	0.20	0.30	0.40	0.50	0.60
吸收液（mL）	4.0	4.0	4.0	4.0	4.0	4.0	4.0
水（mL）	1.0	0.90	0.80	0.70	0.60	0.50	0.40
NO_2^- 含量（μg）	0	0.5	1.0	1.5	2.0	2.5	3.0
吸光度							

(2) 样品的测定。采样后，将样品放置 15min，将吸收液移入比色皿中，按绘制标准曲线的方法测定吸光度，对照标准曲线可知样品中的氮氧化物浓度。若样品溶液的吸光度超过标准曲线的测定上限，可将吸收液稀释一定倍数后再进行测定。计算结果应乘以稀释倍数。

3. 注意事项

(1) 吸收液不能长时间暴露在空气中，并应避光。

(2) 当空气相对湿度小于 30% 时，在使用前用经过水面的空气通过氧化管 1h，当空气相对湿度大于 70% 时，应勤换氧化管。

(3) 当氧化管变为绿色时，说明氧化管已失效；当氧化管因吸湿而板结时，会使采样阻力增大，影响流量。

(4) 溶液若呈现黄色，吸收液可能已受三氧化铬污染，应重新进行采样。

五、实验数据整理

以表 4-2-1 中的吸光度值为纵坐标，相应的标准溶液中 NO_2^- 含量为横坐标，绘制标准曲线。

计算空气中氮氧化物浓度：

$$\rho_{NO_2} = \frac{A - A_0}{0.76 V_N} \cdot \frac{1}{b} \qquad (4-2-1)$$

式中，ρ_{NO_2} 为标准状况下空气中氮氧化物浓度，mg/m^3；$\frac{1}{b}$ 为标准曲线斜率的倒数，即单位吸光度对应的 NO_2 的毫克数；A 为样品溶液吸光度；A_0 为试剂空白液吸光度；V_N 为标准状况下的采样体积，L；0.76 为 NO_2 气体转换为 NO_2^- 液体的系数。

六、实验结果与思考

（1）环境空气中氮氧化物的来源有哪些？对环境的危害有哪些？

（2）现有的测定氮氧化物的方法有哪些？优缺点各是什么？

（3）吸收液为什么要避光保存或使用，且不能长时间暴露在空气中？

实验三　空气中臭氧的测定

一、实验目的

1. 掌握靛蓝二磺酸钠分光光度法测定环境空气中臭氧含量的原理和方法
2. 熟练掌握滴定操作
3. 熟练掌握采样仪器和分光光度计的操作

二、实验原理

氮氧化物经氧化管后，以二氧化氮的形式吸收在水中，生成的亚硝酸与对氨基苯磺酸溶液起重氮化反应，然后与盐酸萘乙二胺耦合生成玫瑰红色偶氮化合物，比色定量。检出下限为 $0.25\mu g/5mL$。

三、实验仪器与设备

1. 采样仪器

多孔玻板吸收管，1个；双球玻璃氧化管，内装三氧化铬-砂子，1个；测量装置，包括转子流量计、温度计、压力计，1套；采样泵，0~1L/min，1台。

2. 分析仪器

分光光度计，1台；恒温水浴，温控精度为±1℃；具塞比色管，10mL，10支；滴定管1个；容量瓶，100mL、1000mL，各1个；锥形瓶，250mL，4个；分析天平，感量0.1mg，1台；移液管；胶头滴管等。

3. 实验试剂

（1）溴酸钾标准储备溶液$\left[c\left(\frac{1}{6}KBrO_3\right)=0.1000mol/L\right]$。准确称取 1.3918g 溴化钾（优级纯，180℃烘 2h），置于烧杯中，加入少量水溶解，移入 500mL 容量瓶中，用水稀释至标线。

（2）溴酸钾-溴化钾标准溶液$\left[c\left(\frac{1}{6}KBrO_5\right)=0.1000mol/L\right]$。吸取 10.00mL 溴酸

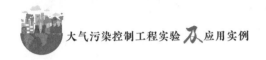

钾标准储备溶液于 100mL 容量瓶中，加入 1.0g 溴化钾（KBr），用水稀释至标线。

（3）硫代硫酸钠标准储备溶液［$c(Na_2S_2O_3)=0.1000mol/L$］。

（4）硫代硫酸钠标准工作溶液［$c(Na_2S_2O_3)=0.00500mol/L$］。临用前，取硫代硫酸钠标准储备溶液，用新煮沸并冷却到室温的水准确稀释 20 倍。

（5）硫酸溶液，1+6（硫酸与水的配比为 1：6）。

（6）淀粉指示剂溶液［$\rho=2.0g/L$］。称取 0.20g 可溶性淀粉，用少量水调成糊状，慢慢倒入 100mL 沸水，煮沸至溶液澄清。

（7）磷酸盐缓冲溶液［$c(KH_2PO_4-Na_2HPO_4)=0.050mol/L$］。称取 6.8g 磷酸二氢钾（$KH_2PO_4$）、7.1g 无水磷酸氢二钠（$Na_2HPO_4$）溶于水，稀释至 1000mL。

（8）IDS 标准储备溶液。称取 0.25g 锭蓝二磺酸钠（$C_{16}H_8O_8Na_2S_2$，简称 IDS）溶于水，移入 500mL 棕色容量瓶内，用水稀释至标线，摇匀，在室温暗处存放 24h 后标定。此溶液在 20℃ 以下暗处存放可稳定 2 周。

标定方法：准确吸取 20.00mL IDS 标准储备溶液于 250mL 碘量瓶中，加入 20.00mL 溴酸钾—溴化钾溶液，再加入 50mL 水，盖好瓶塞，在（16±1）℃生化培养箱（或水浴中）放置至溶液温度与水浴温度平衡时，加入 5.0mL 硫酸溶液，立即盖塞、混匀并开始计时。于（16±1）℃暗处放置（35±1.0）min 后，加入 1.0g 碘化钾，立即盖塞，轻轻摇匀至溶解，暗处放置 5min。用硫代硫酸钠溶液滴定至棕色刚好褪去呈淡黄色，加入 5mL 淀粉指示剂溶液，继续滴定至蓝色消退，终点为亮黄色。记录所消耗的硫代硫酸钠标准工作溶液的体积。

（9）IDS 标准工作溶液。将标定后的 IDS 标准储备液用磷酸盐缓冲溶液逐级稀释成每毫升相当于 1.00μg 臭氧的 IDS 标准工作溶液，此溶液于 20℃ 以下暗处存放可稳定 1 周。

（10）IDS 吸收液。取适量 IDS 标准储备液，根据空气中臭氧质量浓度的高低，用磷酸盐缓冲溶液稀释成每毫升相当于 2.5μg（或 5.0μg）臭氧的 IDS 吸收液，此溶液于 20℃ 以下暗处可保存 1 个月。

四、实验方法与步骤

1. 采样

（1）用内装（10.00±0.02）mL IDS 吸收液的多孔玻板吸收管，罩上黑色避光套，以 0.5L/min 流量采气 5~30L。当吸收液褪色约 60% 时（与现场空白样品比较），应立即停止采样。样品在运输及存放过程中应严格避光。当确信空气中臭氧的质量浓度较低，不会穿透时，可以用棕色玻板吸收管采样。样品于室温暗处存放至少可稳定 3d。

（2）现场空白样品。用同一批配制的 IDS 吸收液，装入多孔玻板吸收管中，带到采样现场。除了不采集空气样品，其他环境条件保持与采集空气的采样管相同。每批样品至少带两个现场空白样品。

2. 实验分析

（1）绘制标准曲线。取 10mL 具塞比色管 6 支，按表 4-3-1 制备 IDS 标准溶液系列。

表 4-3-1　IDS 标准溶液系列

管号	1	2	3	4	5	6
IDS 标准溶液（mL）	10.00	8.00	6.00	4.00	2.00	0.00
磷酸盐缓冲溶液（mL）	0.00	2.00	4.00	6.00	8.00	10.00
臭氧质量浓度(μg/mL)	0.00	0.20	0.40	0.60	0.80	1.00

各管摇匀，用 20mm 比色皿，以水作参比，在波长 610nm 下测量吸光度。以校准系列中零浓度管的吸光度（A_0）与各标准色列管的吸光度（A）之差为纵坐标，臭氧质量浓度为横坐标，用最小二乘法计算校准曲线的回归方程：

$$y = bx + a \qquad (4-3-1)$$

式中，y 为空白样品的吸光度与各标准色列管的吸光度之差（A_0-A）；x 为臭氧质量浓度，$\mu g/mL$；b 为回归方程的斜率，吸光度·mL/μg；a 为回归方程的截距。

（2）样品的测定。采样后，在吸收管的入气口端串接一个玻璃尖嘴，在吸收管的出气口端用吸耳球加压，将吸收管中的样品溶液移入 25mL（或 50mL）容量瓶中，用水多次洗涤吸收管，使总体积为 25.0mL（或 50.0mL）。用 20mm 比色皿，以水作参比，在波长 610nm 下测量吸光度。

3. 注意事项

（1）干扰。空气中的二氧化氮可使臭氧的测定结果偏高，约为二氧化氮质量浓度的 6%。当空气中二氧化硫、硫化氢、过氧乙酰硝酸酯（PAN）和氟化氢的质量浓度分别高于 $750\mu g/m^3$、$110\mu g/m^3$、$1800\mu g/m^3$ 和 $2.5\mu g/m^3$ 时，干扰臭氧的测定。空气中氯气、二氧化氯的存在使臭氧的测定结果偏高。

（2）IDS 标准溶液标定。市售 IDS 不纯，作为标准溶液使用时必须进行标定。用溴酸钾-溴化钾标准溶液标定 IDS 的反应，需要在酸性条件下进行，加入硫酸溶液后反应开始，加入碘化钾后反应即终止。为了避免副反应使反应定量进行，必须严格控制水浴温度［（16±1)℃］和反应时间［（35±1.0) min］。一定要等到溶液温度与水浴温度达到平衡时再加入硫酸溶液，加入硫酸溶液后应立即盖塞，并开始计时。滴定过程中应避免阳光照射。

（3）IDS 吸收液的体积。本方法为褪色反应，吸收液的体积直接影响测量的准确度，所以装入采样管中吸收液的体积必须准确，最好用移液管加入。采样后向容量瓶中转移吸收液应尽量完全（少量多次冲洗）。

五、实验数据整理

计算空气中臭氧的质量浓度：

$$\rho_{O_3} = (A_0 - A - a)\frac{V}{b}V_0 \qquad (4-3-2)$$

77

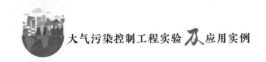

式中，ρ_{O_3}为空气中臭氧的质量浓度，mg/m^3；A_0为现场空白样品吸光度的平均值；A为样品的吸光度；b为标准曲线的斜率；a为标准曲线的截距；V为样品溶液的总体积，mL；V_0为换算为标准状况（$101.325kPa$、$273K$）的采样体积，L。所得结果精确至小数点后三位。

六、实验结果与思考

（1）环境空气中臭氧的来源有哪些？对环境的危害有哪些？

（2）现有的测定臭氧的方法有哪些？优缺点各是什么？

（3）吸收液为什么要避光保存或使用，且不能长时间暴露在空气中？

实验四　空气中汞的测定

一、实验目的

1. 掌握环境空气中汞及其化合物的巯基棉富集——冷原子荧光分光光度法

2. 熟练掌握冷原子荧光测汞仪的操作

3. 熟练掌握采样仪器的操作

二、实验原理

在微酸性介质中，用巯基棉富集环境空气中的汞及其化合物。无机汞反应式如下：

$$Hg^{2+} + 2H-SR \Longrightarrow Hg_{SR}^{SR} + 2H^+ \qquad (4-4-1)$$

有机汞反应式如下：

$$CH_3HgCl + H-SR \Longrightarrow CH_3Hg-SR + HCl \qquad (4-4-2)$$

元素汞通过巯基棉采样管时，主要为物理吸附及单分子层的化学吸附。采样后，用$4.0mol/L$盐酸-氯化钠饱和溶液解吸总汞，经氯化亚锡还原为金属汞，用冷原子荧光测汞仪测定总汞含量。

三、实验仪器与设备

1. 采样仪器

空气采样器，流量范围$0\sim1L/min$。巯基棉采样管；石英采样管（图$4-4-1$），称取$0.1g$巯基棉，从石英采样管的大口径端塞入管内，压入内径为$6\ mm$的管段中，巯基棉长度约为$3cm$。临用前用$0.40mL$、$pH=3$的盐酸溶液酸化巯基棉。巯基棉采样管两端应加套封口，存放在无汞的容器中。

图 4-4-1 石英采样管（单位：mm）

2. 分析仪器

冷原子荧光测汞仪；布氏漏斗；抽滤装置；烘箱；汞反应瓶，5mL；注射器，50μL，1mL。

3. 实验试剂

(1) 高纯氮气，Φ＝99.999％。

(2) 重铬酸钾（$K_2Cr_2O_7$），优级纯。

(3) 硫酸，$\rho(H_2SO_4)$＝1.84g/mL，优级纯。

(4) 盐酸，$\rho(HCl)$＝1.19g/mL，优级纯。

(5) 硝酸，$\rho(HNO_3)$＝1.42g/mL，优级纯。

(6) 重铬酸钾，$w(K_2Cr_2O_7)$＝1.0％。

称取 1.0g 的重铬酸钾，溶于水，稀释到 100mL。

(7) 硫酸溶液，$c(H_2SO_4)$＝10％。

量取 10mL 的浓硫酸，缓慢加入 90mL 水中。

(8) 盐酸溶液，$c(HCl)$＝4.0mol/L。量取 123mL 盐酸，用水稀释至 1000mL，混匀。

(9) 盐酸溶液，$c(HCl)$＝2.0mol/L。量取 12mL 盐酸，用水稀释至 1000mL，混匀。

(10) 盐酸溶液，pH＝3。吸取 2.0mol/L 盐酸 0.50mL，用水稀释至 1000mL，混匀。

(11) 硝酸溶液，$\Phi(HNO_3)$＝10％。量取 10mL 的浓硝酸，用水稀释至 100mL，混匀。

(12) 盐酸－氯化钠饱和溶液。将适量的固体氯化钠（NaCl）加 4.0mol/L 盐酸溶液中加热至沸腾，直至氯化钠过饱和析出为止。

(13) 溴酸钾－溴化钾溶液。称取 2.8g 溴酸钾（$KBrO_3$）和 10.0g 溴化钾（KBr）溶于水，稀释至 1000mL。

(14) 盐酸－氯化钠溶液。称取 12.0g 盐酸羟胺和 12.0g 氯化钠溶于水，稀释至 100mL。

(15) 氯化亚锡盐酸溶液，w＝10％。称取 11.9g 氯化亚锡（$SnCl_2 \cdot 2H_2O$）于 150mL 烧杯中，加 10mL 浓盐酸，加热至全部溶解后，用水稀释至 100mL，以 1.0L/min 流量通入高纯氮气，以除去低汞。

(16) 氯化汞标准储备液，$\rho(HgCl_2)$＝1000μg/mL。准确称取 0.1353g 氯化汞（$HgCl_2$），依次加入 5.0mL 的 10％硫酸溶液及 1.0mL 的 1.0％重铬酸钾溶液后，移入 100mL 容量瓶中，用水稀释至标线，此溶液每毫升含 1000μg 汞。

（17）氯化采标准使用液，$\rho(HgCl_2)=0.50\mu g/mL$。吸取 1.00mL 氯化汞标准储备液，置于 200mL 容量瓶中，加入 10.0mL 的 10% 硫酸溶液和 2.0mL 的 1.0% 重铬酸钾溶液，用水稀释至标线，此溶液每毫升含 $5\mu g$ 汞。临用前，吸取 10.00mL 上述溶液于 100mL 容量瓶中，加入 5.0mL 的 10% 重铬酸钾，用水稀释至标线，此溶液每毫升含 $0.5\mu g$ 汞。

（18）巯基棉。依次加 20mL 硫代乙醇酸（$HSCH_2COOH$）、17.5mL 乙酐 [$(CH_3CO)_2O$]、8.5mL 36% 乙酸（CH_3COOH）、0.10mL 硫酸和 1.6mL 水于 150mL 烧杯中，混合均匀。待溶液温度降至 40℃ 以下以后，移入装有 5g 脱脂棉的棕色广口瓶，将棉花均匀浸润，盖上瓶塞。置于烘箱中，于 40℃ 放置 4d 后取出，平铺在有两层中速定量滤纸的布氏漏斗中，抽滤，用水洗至中性。抽干水分，移入培养皿，与 40℃ 的烘箱中烘干，存入棕色瓶中，然后置于干燥器中备用，可保存 3 个月。

四、实验方法与步骤

1. 采样

样品的采集应符合 HJ/T 194 的要求，采集器应在使用前进行气密性检查和流量校准，采样系统由空气采集器和巯基棉采样管组成。

将巯基棉采样管细口端与采样器连接，大口径端朝下，以 0.3~0.5L/min 流量，采样 30~60min，操作时应避免手指沾污巯基棉管管端。

（1）样品的保存。采样后，两端密封，于 0℃~4℃，冷藏保存。

（2）试样的制备。将采样后巯基棉采样管固定，并使细端插入 10mL 容量瓶的瓶口，以 1~3mL/min 滴加 4.0mol/L 盐酸-氯化钠饱和溶液，洗脱汞及其化合物，用 4.0mol/L 盐酸-氯化钠饱和溶液稀释至标线，摇匀。

（3）空白试样的制备。取空白巯基棉采样管，按步骤（2）样品处理方式同时操作，制备成空白试样。

2. 实验分析

（1）试料的制备。吸取适量试样溶液于 5mL 汞反应瓶中，用 4.0mol/L 盐酸-氯化钠饱和溶液稀释至标线。

（2）空白试料的制备。吸取适量空白试样溶液于 5mL 汞反应瓶中，用 4.0mol/L 盐酸-氯化钠饱和溶液稀释至标线。

（3）标准曲线的绘制。

①取 7 支 5mL 汞反应瓶，按表 4-4-1 配制标准溶液系列。

②用 4.0mol/L 盐酸-氯化钠饱和溶液稀释至 5mL 标线。

③向各瓶中加 0.1mL 溴酸钾-溴化钾溶液，放置 5min 后，出现黄色，加一滴盐酸羟胺-氯化钠溶液，使黄色褪去，摇匀。

④用注射器向瓶中加入 1.0mL 氯化亚锡盐酸溶液，振荡 0.5min 后，用高纯氮气将汞蒸汽吹入冷原子荧光测汞仪测定，以测汞仪的响应值对汞含量（ng）绘制标准曲线，并计算标准曲线的回归方程。

表 4-4-1 汞标准溶液系列

瓶号	0	1	2	3	4	5	6
氧化汞标准使用液（μL）	0.00	5.00	10.0	20.0	30.0	40.0	50.0
汞含量（ng）	0.00	2.50	5.00	10.0	15.0	20.0	25.0

（4）测定。按标准曲线的绘制步骤进行试料和空白试料的测定，并记录响应值。

根据所测得的试料和空白试料的响应值，由标准曲线的回归方程计算试料和空白试料中的汞含量。

3. 注意事项

（1）溴酸钾-溴化钾溶液、盐酸羟胺-氯化钠溶液及 4.0mol/L 盐酸-氯化钠饱和溶液等均需事先用冷原子荧光测汞仪检查，试剂中汞的空白值应不超过 0.1ng。

（2）每批巯基棉制备后先进行汞的回收实验。

（3）盐酸羟胺常含有汞，必须提纯。当汞含量较低时，采用巯基棉纤维管除汞法；当汞含量高时，先按巯基棉纤维管法除尽汞。

（4）如果要分别测定有机汞及无机汞，采样后，将巯基棉采样管放在 5mL 容量瓶的瓶口上，以 1mL/min 流量滴加 2.0mol/L 盐酸溶液解吸有机汞。用 2.0mol/L 盐酸溶液稀释至标线，下一步骤同标准曲线的绘制。继续将上述采样管，用 4.0mol/L 盐酸-氯化钠饱和溶液解吸无机汞，方法同前。

（5）本方法还可以分别测定颗粒态汞及气态汞，可在巯基棉采样管前加一有机纤维素微孔滤膜捕集颗粒态汞。用 10% 硝酸溶液溶解，用上述方法测汞。

五、实验数据整理

计算环境空气中汞含量：

$$\rho_{Hg} = \frac{W - W_0}{V_{nd} \times 1000 V_a} \cdot \frac{V_t}{V_a} \qquad (4-4-3)$$

式中，ρ_{Hg} 为环境空气中汞含量，mg/m^3；W 为试样中汞含量，ng；W_0 为测定时所取空白中汞的含量，ng；V 为样品溶液总体积，mL；V_a 为测定时所取样品溶液体积，mL；V_{nd} 为标准状况（101.325kPa，273K）下的采样体积，L。

六、实验结果与思考

（1）环境空气中汞的来源有哪些？对环境的危害有哪些？
（2）现有的测定汞的方法有哪些？优缺点各是什么？

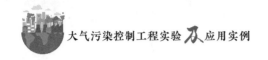

实验五　空气中污染物氨含量的测定

一、实验目的

1. 了解室内空气污染物的种类及其危害
2. 了解氨的物理化学性质和采样方法
3. 掌握室内空气中氨污染物的测定方法
4. 掌握纳氏试剂比色法测定空气中氨污染物的方法

二、实验原理

氨是一种无色而具有强烈刺激性臭味的气体，对接触的组织有腐蚀和刺激作用。氨可以吸收组织中的水分，使组织蛋白变性，并使组织脂肪皂化，破坏细胞膜结构，减弱人体对疾病的抵抗力。长时间接触低浓度氨，轻者会引起喉咙、声音嘶哑，重者可发生喉头水肿、喉痉挛，甚至出现呼吸困难、肺水肿、昏迷和休克。当浓度过高时，除腐蚀作用外，还可通过三叉神经末梢的反射作用引起心脏停止和呼吸停止。室内空气污染监测是评价居住环境的一项重要工作。

氨主要来自建筑施工中使用混凝土添加剂，特别是在冬季施工过程在，在混凝土中加入尿素和氨水为主要原料的混凝土防冻剂。这些含有大量氨类物质的外加剂在墙体中随着温湿度等环境因素的变化而被还原成氨气从墙体中缓慢释放出来，造成室内空气中氨的浓度大量增加。另外，室内空气中的氨也可来自室内装饰材料中的添 Al 剂和增白剂。但是，这种污染释放期比较快，不会在空气中长期大量积存，对人体的危害相应小一些。

环境空气中氨的浓度一般都较低，故常采用比色法。最常用的比色法有纳氏试剂比色法、次氯酸钠－水杨酸比色法和靛酚蓝比色法。其中纳氏试剂比色法操作简便，但选择性略差，呈色胶体不太稳定，易受醛类和硫化物的干扰；次氯酸钠－水杨酸比色法较灵敏，选择件好，但操作较复杂；靛酚蓝比色法灵敏度高，呈色较为稳定，干扰少，但操作条件要求严格。本实验采用纳氏试剂比色法。

在稀硫酸溶液中，氨与纳氏试剂作用生成黄棕色化合物，根据颜色深浅，用分光光度法测定。反应式如下：

$$2K_2HgI_4 + 3KOH + NH_3 \Longrightarrow O_{Hg}^{Hg}NH_2I + 7KI + 2H_2O \qquad (4-5-1)$$

最低检出限：检出限为 $0.6\mu g/$（10mL）（按与吸光度 0.01 相应的氨含量计），当采样体积为 20L 时，最低检出浓度为 $0.03mg/m^3$。

三、实验仪器与设备

1. 试剂

（1）硫酸，分析纯；碘化钾，分析纯；氯化汞，分析纯；碘化钾，分析纯；氢氧化钾，分析纯；酒石酸钾钠，分析纯；氯化铵，分析纯。

（2）吸收液。0.01mol/L硫酸溶液。

（3）纳氏试剂。称取5.0g碘化钾，溶于5.0mL水，另取2.5g氯化汞（$HgCl_2$）溶于10mL热水。将氯化汞溶液缓慢加入碘化钾溶液中，不断搅拌，直到形成的红色沉淀（HgI_2）不溶为止。冷却后，加入氢氧化钾溶液（15.0g氢氧化钾溶于30mL水），用水稀释至100mL，再加入0.5mL氯化汞溶液，静置1d，将上清液储于棕色细口瓶中，盖紧橡皮塞，存入冰箱，可使用1个月。

（4）酒石酸钾钠溶液。称取50.0g酒石酸钾钠（$KNaC_4H_4O_6 \cdot 4H_2O$）溶解于水中，加热煮沸以驱除氨，放冷，稀释至100mL。

（5）氯化铵标准储备液。称取0.7855g氯化铵，溶解于水中，移入250mL容量瓶中，用水稀释至标线，此溶液每毫升相当于含1000μg氨。

（6）氯化铵标准溶液。临用时，吸取氯化铵标准储备液5.00mL于250mL容量瓶中，用水稀释至标线，此溶液每毫升相当于含20.0μg氨。

2. 仪器

大型气泡吸收管，10支，10mL；空气采样器，1台，流量范围0～1L/min；分光光度计，1台；容量瓶，2个，250mL；具塞比色管，20支，10mL；吸管，若干，0.10～1.00mL。

四、实验方法与步骤

1. 采样

用一个内装10mL吸收液的大型气泡吸收管，以1L/min流量采样。采样体积为20～30L。

2. 测定

（1）标准曲线的绘制。取6支10mL具塞比色管，按表4-5-1配制标准系列。

表4-5-1 氯化铵标准系列

管号	0	1	2	3	4	5
氯化铵标准溶液（mL）	0.00	0.10	0.20	0.50	0.70	1.00
水（mL）	10.00	9.90	9.80	9.50	9.30	9.00
氨含量（μg）	0.0	2.0	4.0	10.0	14.0	20.0

在各管中加入酒石酸钾钠溶液 0.20mL，摇匀，再加入纳氏试剂 0.20mL，放置 10min（室温低于 20℃时，放置 15～20min），用 1cm 比色皿，于波长 420nm 处，以水为参比，测定吸光度。以吸光度对氨含量（μg）绘制标准曲线。

（2）样品的测定采样后，将样品溶液移入 10mL 具塞比色管中，用少量吸收液洗涤吸收管，洗涤液并入比色管，用吸收液稀释至 10mL 标线，加入酒石酸钾钠溶液 0.20mL，摇匀，再加入纳氏试剂 0.20mL，放置 10min（室温低于 20℃时，放置 15～20min），用 1cm 比色皿，于波长 420nm 处，以水为参比，测定吸光度。查阅标准曲线图，找出对应的氨含量。

3．注意事项

（1）本法测定的是空气中氨气和颗粒物中铵盐的总量，不能分别测定两者的浓度。

（2）为降低试剂空白值，所有试剂均用无氨水配制。无氨水配制方法：在普通蒸馏中，加少量高锰酸钾至浅紫红色，再加少量氢氧化钠至呈碱性，蒸馏，取中间蒸馏部分的水，加少量硫酸呈微酸性，再重新蒸馏一次即可。

（4）在氯化铵标准储备液中加 1～2 滴氯仿，可以抑制微生物的生长。

（4）若在吸收管上做好 10mL 标记，采样后用吸收液补充体积至 10mL 代替具塞比色管直接在其中显色。

（5）硫化氢、三价铁等金属离子会干扰氨的测定。加入酒石酸钾钠，可以消除三价铁离子的干扰。

五、实验数据整理

1．空气中氨含量

$$\rho_{NH_3} = m/V_n \qquad (4-5-2)$$

式中，m 为样品溶液中的氨含量，μg；V_n 为标准状态下的采样体积，L；ρ_{NH_3} 为空气中氨的含量，mg/m³。

2．实验结果

通过实验数据的处理，得到的结果记录于表 4－5－2。

表 4－5－2　空气中氨浓度结果记录表

气压：_____MPa　　气温：_____℃

采集量	吸光度	m（μg）	V_n（L）	ρ_{NH_3}（mg/m³）	备注

六、实验结果与思考

（1）纳氏试剂比色法测定空气中氨的关键步骤是什么？

（2）空气中氨取样方法需注意什么？

（3）硫化氢、三价铁等金属离子会干扰氨的测定，如何消除干扰？

（4）配制无氨水时，加入少量的高锰酸钾作用是什么？

实验六　空气中污染物苯系物含量的测定

一、实验目的

1. 了解室内空气污染物的种类及其危害
2. 了解苯系物的物理化学性质和采样方法
3. 掌握室内空气中苯系物污染物的测定方法
4. 掌握气相色谱法测定空气中苯系物污染物的方法

二、实验原理

苯及苯系物为无色浅黄色透明油状液体，具有强烈芳香的气体，易挥发为蒸气，易燃有毒。甲苯、二甲苯属于苯的同系物，都是煤焦油分馏或石油的裂解产物。苯系化合物已经被世界卫生组织确定为强烈致癌物质。苯及苯系物来源于建筑材料的有机溶剂，如油漆添加剂和稀释剂、防水材料添加剂、装饰材料、人造板家具、黏合剂等。目前，室内装饰中多用甲苯、二甲苯代替纯苯作各种溶剂性涂料和水性涂料的溶剂或稀释剂。室内空气污染监测是评价居住环境的一项重要工作。

测定环境空气中苯及苯系物的浓度，可采用活性炭吸附取样或低温冷凝取样，然后用气相色谱法测定。常见的测定方法、原理及特点见表 4-6-1。本实验采用 DNP + Bentane 柱-CS_2 解吸法。

表 4-6-1　环境空气中苯系物各种气相色谱测定方法及性能比较

测定方法	原理	测定范围	特点
DNP+Bentane 柱-CS₂ 解吸法	活性炭吸附采样管富集空气中苯、甲苯、乙苯、二甲苯后，加二硫化碳解吸，经 DNP+Bentane 色谱柱分离，用火焰离子检酒器测定。保留时间定性，峰高（或峰面积）外标法定量	当采样体积为 100L 时，最低检出浓度：苯 $0.005mg/m^3$，甲苯 $0.004mg/m^3$，二甲苯及乙苯均为 $0.10mg/m^3$	可同时分离测定空气中丙醇、苯乙烯、乙酸乙酯、乙酸丁酯、乙酸戊酯，测定面广
PEG-6000 柱-CS₂ 解吸法	活性炭采集管富集空气中苯、甲苯、二甲苯，用二硫化碳解吸，经 PFG-6000 柱分离后，用氢焰离子检测器检测。保留时间定性，峰高定量	对苯、甲苯、二甲苯的检测限分别为：$0.5\times10^{-3}\mu g$、$1\times10^{-3}\mu g$、$2\times10^{-3}\mu g$（进样 $1\mu L$ 液体样品）	只能测苯、甲苯、二甲苯、苯乙烯
PEG-6000 柱-热解吸法	活性炭采集管富集空气中苯、甲苯、二甲苯，热解吸进样，经 PEG-6000 柱分离后，用氢焰离子检测器检测。保留时间定性，峰高定量	对苯、甲苯、二甲苯的检测限分别为：$0.5\times10^{-3}\mu g$、$1\times10^{-3}\mu g$、$2\times10^{-3}\mu g$（进样 $1\mu L$ 液体样品）	解吸方便，效率高
邻苯二甲酸二壬酯-有机皂土柱	苯、甲苯、二甲苯气样在 $-78℃$ 浓缩富集，经邻苯二甲酸二壬酯及有机皂上色谱柱分离，用氢火焰离子检测器测定	检出限：苯 $0.4mg/m^3$，二甲苯 $1.0mg/m^3$（1mL 气样）	样品不稳定，需尽快分析

三、实验仪器与设备

1. 试剂

苯，色谱纯；甲苯，色谱纯；乙苯，色谱纯；邻二甲苯，色谱纯；对二甲苯，色谱纯；间二甲苯，色谱纯；二硫化碳，分析纯。

苯系物标准储备液：分别吸取苯、甲苯、乙苯、二甲苯 $10.0\mu L$ 于装有 90mL 经纯化的 CS_2 的 100mL 容量瓶中，用 CS_2 稀释至标线，再取此标液 10.0mL 于装有 80mL CS_2 的 100mL 容量瓶中，并稀释至标线。此储备液每毫升含苯 $8.8\mu g$、乙苯 $8.7\mu g$、甲苯 $8.7\mu g$、对二甲苯 $8.6\mu g$、间二甲苯 $8.7\mu g$、邻二甲苯 $8.8\mu g$。在 $4℃$ 可保存 1 个月。

二硫化碳（CS_2）在使用前必须纯化，并经色谱检验，进样 $5\mu L$，在苯与甲苯峰之间不出峰方可使用。

2. 仪器

容量瓶，5mL、100mL 各 10 个；吸管，1~20mL，若干；微量注射器，$10\mu L$，1 支；气相色谱仪，1 台，具火焰离子化检测器，色谱柱为长 2m、内径 3mm 的不锈钢柱，柱内填充涂附 2.5% DNP 及 2.5% Bentane 的 Chromosorb WHPDMCS（80~100

目）；空气采样器，流量 0～1L/min；活性炭吸附采样管，10 支，长 10cm、内径 6mm 的玻璃管，内装 20～50 目粒状活性炭 0.5g。

活性炭预先在马弗炉内经 350℃ 灼烧 3h，放冷后备用。在采样管中分 A、B 两段，中间用玻璃棉隔开。

四、实验方法与步骤

1. 采样

用乳胶管连接采样管 B 端与空气采样器的进气口，并垂直放置，以 0.5L/min 流量，采样 100～400min。采样后，用乳胶管将采样管两端套封，10d 内测定。

2. 测定

（1）色谱条件的选择。

按以下各项选择色谱条件：柱温 64℃；气化室温度 150℃；检测室温度 150℃；载气（氮气）流量 50mL/min；燃气（氢气）流量 46mL/min；助燃气（空气）流量 320mL/min。

（2）标准曲线的绘制。

分别取各苯系物储备液 0.0mL、5.0mL、10.0mL、15.0mL、20.0mL 于 100mL 容量瓶中，用 CS_2 稀释至标线，摇匀，其浓度配制见表 4-6-2。

表 4-6-2 苯系物储备液不同浓度配置表

编号	0	1	2	3	4	5
苯、邻二甲苯标准储备液体积（mL）	0.0	5.0	10.0	15.0	20.0	25.0
稀释至 100mL 后的浓度（mg/L）	0.00	0.44	0.88	1.32	1.76	2.20
甲苯、乙苯、间二甲苯标准储备液体积（mL）	0.0	5.0	10.0	15.0	20.0	25.0
稀释至 100mL 后的浓度（mg/L）	0.00	0.44	0.87	1.31	1.74	2.18
对二甲苯标准储备液体积（mL）	0.0	5.0	10.0	15.0	20.0	25.0
稀释至 100mL 后的浓度（mg/L）	0.00	0.43	0.86	1.29	1.72	2.15

另取 6 支 5mL 容量瓶，各加入 0.25g 粒状活性炭及 0～5 号的苯系物标准储备液 2.00mL，振荡 2min，放置 20min 后，在上述色谱条件下，各进样 5.0μL，按所用气相色谱仪的操作要求测定标样的保留时间及峰高（峰面积），色谱图如图 4-6-1 所示。绘制峰高（或峰面积）与含量之间关系的标准曲线。

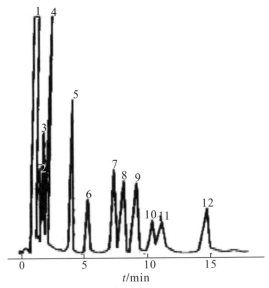

1—二硫化碳；2—丙酮；3—乙酸乙酯；4—苯；5—甲苯；6—乙酸丁酯；7—乙苯；

8—对二甲苯；9—间二甲苯；10—邻二甲苯；11—乙酸戊酯；12—苯乙烯

图 4-6-1　苯系物各组分色谱图

3. 样品的测定

将采样管 A 段和 B 段活性炭分别移入 2 只 5mL 容量瓶中，加入纯化过的二硫化碳（CS_2）2.00mL，振荡 2min，放置 20min 后，吸取 5.0μL 解吸液注入色谱仪，记录保留时间和峰高（或峰面积）。以保留时间定性，峰高（或峰面积）定量。

4. 实验注意事项

（1）本法同样适用于空气中丙酮、苯乙烯、乙酸乙酯、乙酸丁酯、乙酸戊酯的测定。在以上色谱条件下，其相对保留时间见表 4-6-3。

表 4-6-3　各组分的相对保留时间

组分	丙酮	乙酸乙酯	苯	甲苯	乙酸丁酯	乙苯
相对保留时间	0.65	0.76	1.00	1.89	2.53	3.50
组分	对二甲苯	间二甲苯	邻二甲苯	乙酸戊酯 1	苯乙烯	
相对保留时间	3.80	4.35	5.01	5.55	6.94	

（2）空气中苯系物浓度在 0.1mg/m³ 左右时，可用 100mL 注射器采气样，气样在常温下浓缩后，再加热解吸，用气相色谱法测定。

（3）市售活性炭和玻璃棉需经空白检验后方能使用。检测方法，取用量为一支活性炭吸附采样管的玻璃棉和活性炭的量（分别约为 0.1g 和 0.5g），加纯化过的 CS_2 2mL 振荡 2min，放置 20min，进样 5μL，观察待测物位置是否有干扰峰。无干扰峰时方可应用，否则要预先处理。

（4）市售分析纯 CS_2 常含有少量苯与甲苯，需要纯化后才能使用。纯化方法为取 1mL 甲醛与 100mL 浓硫酸混合。取 500mL 分液漏斗一支，加入市售 CS_2 250mL 和甲醛—浓硫酸萃取液 20mL，振荡分层。经多次萃取至 CS_2 呈无色后，再用 20% Na_2CO_3 水溶液洗涤 2 次，重蒸馏，截取 46℃～47℃馏分。

五、实验数据整理

1. 空气中苯系物含量

$$\rho = \frac{m_1 + m_2}{V_N} \qquad\qquad (4-6-1)$$

式中，ρ 为空气中苯系物各成分的含量，mg/m^3；m_1 为 A 段活性炭解吸液中苯系物的含量，μg；m_2 为 B 段活性炭解吸液中苯系物的含量，μg；V_N 为标准状态下的采样体积，L。

2. 实验结果

通过实验数据的处理，得到的结果记录于表 4－6－4。

表 4－6－4　空气中苯系物浓度结果记录表

气压：_____ MPa　　气温：_____℃

采集量	保留时间	峰高	$m_1(mg)$	$m_2(mg)$	$V_N(L)$	$\rho(mg/m^3)$	备注

六、实验结果与思考

（1）DNP+Bentane 柱－CS_2 解吸法测定空气中苯系物的关键步骤是什么？

（2）空气中苯系物取样方法通常有哪两种？

（3）取样管装入活性炭时应注意什么？

（4）二硫化碳使用前应注意什么？

（5）试设计一个实验测定丙酮和苯乙烯。

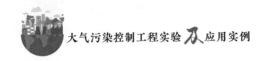

第二节　气态污染物净化

实验七　碱液吸收烟气中二氧化硫

一、实验目的

1. 了解燃煤烟气的特性和污染物 SO_2 的危害
2. 熟悉污染物 SO_2 净化方法
3. 掌握填料吸收塔净化 SO_2 的方法和原理
4. 掌握测定填料吸收塔化学吸收体系的体积吸收系数

二、实验原理

以煤炭为主的能源消耗结构是引起我国二氧化硫污染的最重要原因。燃煤电站是煤炭消耗的主体，其排放的二氧化硫占排放总量的 50% 以上。这一特点决定了控制燃煤排放的二氧化硫是我国二氧化硫污染控制的重点。燃煤烟气主要含有 CO、CO_2、SO_2、NO 及粉尘和 Hg 等化合物。

含有 SO_2 的烟气在未达标之前不能排放，必须经处理回收或净化烟气中的 SO_2，达标后才能排放。化学吸收方法是去除和净化烟气中 SO_2 的主要方法之一，SO_2 吸收剂种类较多，常采用碱液吸收 SO_2。本实验采用 NaOH 或 Na_2CO_3 溶液作吸收剂，吸收反应器采用填料塔（$\phi 60 \times 800$，$\phi 6mm$ 瓷环填料），吸收过程发生的主要化学反应如下：

$$2NaOH + SO_2 \longrightarrow Na_2SO_3 + H_2O \qquad (4-7-1)$$

$$Na_2CO_3 + SO_2 \longrightarrow Na_2SO_3 + CO_2 \qquad (4-7-2)$$

$$Na_2SO_3 + SO_2 + H_2O \longrightarrow 2NaHSO_3 \qquad (4-7-3)$$

实验过程中通过测定填料吸收塔进出口气体中 SO_2 的含量，可得出吸收塔的平均净化速率，确定吸收效果。通过测出填料塔进出口气体的压力，可计算出填料塔的压降，也可采用 U 形管压差计测出其静压差，可得到压降。对于碱液吸收 SO_2 的化学吸收体系，通过实验可测出体积吸收系数。

气体中 SO_2 的含量采用碘量法分析测定。

1. 硫代硫酸钠溶液标定

将碘酸钾（优级纯）于 $120℃ \sim 140℃$ 干燥 1.5h，在干燥器中冷却至室温。称取 1.0g（准确至 0.1mg）溶于水，移入 250mL 容量瓶中，稀释至标线，摇匀。吸取 25mL 此溶液，于 250mL 碘量瓶中加 2g 碘化钾，溶解后，加 2mol/L 盐酸溶液 10mL，轻轻摇匀。于暗处放置 5min，加 75mL 水，以 0.1mol/L 硫代硫酸钠溶液滴定。至溶液为淡黄色后，加 5mL 淀粉溶液，继续用硫代硫酸钠溶液滴定至蓝色恰好消失为止，记下消耗量（V）。另外取 25mL 蒸馏水，以同样的条件进行空白滴定，记下消耗量（V_0）。

硫代硫酸钠溶液浓度可用下式计算：

$$C_{Na_2S_2O_3} = \frac{W \times \frac{25.00}{250}}{(V - V_0) \times \frac{35.67}{1000}} = \frac{W \times 100}{(V - V_0) \times 35.67} \qquad (4-7-4)$$

式中，W 为碘酸钾的质量，g；V 为滴定碘消耗的硫代硫酸钠溶液体积，mL；V_0 为滴定空白溶液消耗的硫代硫酸钠溶液的体积，mL。

2. 碘储备液的标定

准确吸取 25mL 碘储备液，以 0.1mol/L 硫代硫酸钠溶液滴定，溶液由红棕色变为淡黄色后，加 5mL 0.5％淀粉溶液，继续用硫代硫酸钠溶液滴定至蓝色恰好消失为止，记下滴定用量 V（mL），则：

$$C_{I_2} = \frac{C_{Na_2S_2O_3} V}{25} \qquad (4-7-5)$$

三、实验仪器与设备

1. 试剂

NaOH，分析纯；Na_2CO_3，分析纯；$(NH_4)_2SO_4$，分析纯；氨基磺酸铵，H_2SO_4，分析纯；氨水，30％；I_2，分析纯；KI，优级纯；$Na_2S_2O_3 \cdot 5H_2O$，分析纯；HCl，分析纯；NaCl，分析纯；淀粉，分析纯；N_2，99.9％；SO_2，99％。

（1）采样吸收液。取 11g 氨基磺酸铵，7g 硫酸铵，加入少量水，搅拌使其溶解，继续加水至 1000mL，以 0.1mol/L 硫酸和 0.1mol/L 氨水调节 pH 至 5.4。

（2）0.1mol/L 碘储备液。称取 12.7g 碘放入烧杯中，加入 40g 碘化钾，加 25mL 水，搅拌至全部溶解后，用水稀释至 1L，储于棕色试剂瓶中。用硫代硫酸钠溶液标定，标定步骤见实验原理部分。

（3）0.1mol/L 碘溶液。准确吸取 100mL 碘储备液于 1000mL 容量瓶中，用水稀释至标线，摇匀，储于棕色瓶内，保存于暗处。

（4）0.1mol/L 硫代硫酸钠溶液。取 26g 硫代硫酸钠（$Na_2S_2O_3 \cdot 5H_2O$）和 0.2g 无水碳酸钠溶于 1000mL 蒸馏水中，加 10mL 异戊醇，充分混匀，储于棕色瓶内放置 2～3d。用碘酸钾进行标定，标定步骤见实验原理部分。

（5）0.5％淀粉溶液。取 0.5g 可溶性淀粉，用少量水调成糊状，倒入 100mL 饱和氯化钠溶液中，煮沸直至溶液澄清。

（6）SO_2 吸收液。10％ NaOH 溶液、10％ Na_2CO_3 溶液。

2. 仪器

空压机，1台；SO_2钢瓶，1瓶；填料塔，1台；泵，1台；缓冲罐，2个；高位槽，1个；受液槽，1个；转子流量计，2个；U 形管压差计，1个；压力表，1只；温度

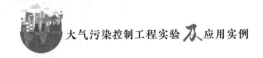

计，2支；筛板吸收瓶，25个；烟气采样仪，2台；pH计1台。

3. 实验装置

烟气 SO_2 净化实验装置如图4-7-1所示。吸收液从高位槽由填料塔上部经喷淋装置进入塔内，流经填料表面，由塔下部排出，进入溶液储槽。空气由空压机经缓冲罐后，通过转子流量计进入混合气缓冲罐，并与 SO_2 气体混合，配制成一定浓度的混合气，SO_2 来自钢瓶。含 SO_2 的混合空气从塔底进气口进入填料塔内，通过填料层 SO_2 被吸收后，尾气由塔顶排出。系统设进气和排气两个取样口，为玻璃三通考克，其中一端外套橡皮胶，用医用注射器可以直接插入取样。

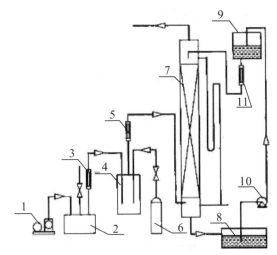

1—空压机；2—缓冲罐；3，5，11—流量计；4—混合气缓冲罐；6—SO_2 气瓶；
7—吸收塔；8—溶液储槽；9—高位槽；10—液泵

图4-7-1 烟气 SO_2 净化实验装置

四、实验方法与步骤

（1）关严吸收塔的进气阀，打开缓冲罐上的放空阀，并向高位液槽中注入配制好的10％的碱溶液。在玻璃筛板吸收瓶内装入50mL采样用的吸收液。

（2）打开吸收塔的进液阀，并调节液体流量，使液体均匀喷布，并沿填料表面缓慢流下，当液体由塔底流出后，将液体流量调至400mL/h左右。

（3）开启空压机，逐渐关小放空阀，并逐渐打开吸收塔的进气阀。调节空气流量，使塔内出现液泛，记录下液泛时的气速。逐渐减小气体流量，消除液泛现象。在吸收塔能正常工作时，开启 SO_2 气瓶，并调节其流量，使空气中 SO_2 的含量为0.1％～0.5％（体积含量）。

（4）经数分钟后，待塔内操作完全稳定后，按表4-7-1的要求开始测量并记录有关数据。

（5）在塔的上下取样口用烟气采样器同时采样，以50mL/min的采样流量采样10min，取样2～3次。

（6）在液体流量不变，并保持空气中 SO_2 浓度相同的情况下，改变空气的流量，按上述操作步骤，测取 6 组数据。

（7）实验完毕后，关闭 SO_2 气瓶，待 5min 后再停止供液，最后停止鼓入空气。

（8）样品分析：将采过样的吸收瓶内的吸收液倒入锥形瓶中，并用 20mL 吸收液洗涤吸收瓶 2 次，洗涤液并入锥形瓶中，加入 5mL 淀粉溶液，以碘溶液滴定至蓝色，记下消耗量（V）。另取相同体积的吸收液进行空白滴定，记下消耗量（V_0），并将结果填入表 4−7−2 中。

（9）按表 4−7−1 要求的项目进行有关计算。

（10）注意事项：①用烟气采样仪时，需将吸收瓶与烟气采样仪固定，吸收瓶上两个接口分别与玻璃筛板相连的取样口相连和与烟气采样仪的进气口相连，不能接反；②实验室通风必须良好。

五、实验数据整理

数据记录于表 4−7−1 和表 4−7−2 中，并进行相关分析处理。

1. 气体中 SO_2 的浓度（C_{SO_2}）

$$C_{SO_2} = \frac{(V-V_0)C_{I_2} \times 32}{V_N} \times 1000 (mg/m^3) \qquad (4-7-6)$$

式中，V 为滴定样品消耗碘溶液的体积，mL；V_0 为滴定空白消耗碘溶液的体积，mL；V_N 为标准状态下的采样体积，L，可用下式计算：

$$V_N = 1.58 q'_m \tau \sqrt{\frac{p_m + B_a}{T_m}} \qquad (4-7-7)$$

式中，q'_m 为采样流量，L/min；τ 为采样时间，min；T_m 为流量计前气体的绝对温度，K；p_m 为流量计前气体的压力，kPa；B_a 为大气压力，kPa。

2. 吸收塔净化效率（η）

$$\eta = \left(1 - \frac{C_2}{C_1}\right) \times 100\% \qquad (4-7-8)$$

式中，C_1 为吸收塔入口处气体中 SO_2 的浓度，mg/m^3；C_2 为吸收塔出口处气体中 SO_2 的浓度，mg/m^3。

3. 吸收塔压降（Δp）

$$\Delta p = p_1 - p_2 \qquad (4-7-9)$$

式中，p_1 为吸收塔入口处气体的全压或静压，Pa；p_2 为吸收塔出口处气体的全压或静压，Pa；

4. 气体中 SO_2 的分压（p_{SO_2}）

$$p_{SO_2} = \frac{C \times 10^{-3}/32}{1000/22.4} \times p \qquad (4-7-10)$$

式中，C 为气体中 SO_2 的浓度，mg/m^3；p 为气体的总压，Pa。

5. 体积吸收系数（K_{Ga}）

体积吸收系数［单位为 $kmol/(m^3 \cdot h)$］的计算式可由以浓度差为推动力的体积吸收系数计算公式推导出来。

$$K_{Ga} = \frac{Q(y_1 - y_2)}{hA\Delta y_m} \qquad (4-7-11)$$

式中，Q 为通过填料塔的空气量，$kmol/h$；h 为填料层高度，m；A 为填料塔截面积，m^2；y_1、y_2 分别为进出填料塔气体中 SO_2 的比摩尔分率；Δy_m 为对数平均推动力，可用下式计算：

$$\Delta y_m = \frac{(y_1 - y_1^*) - (y_2 - y_2^*)}{\ln \dfrac{y_1 - y_1^*}{y_2 - y_2^*}} \qquad (4-7-12)$$

对于碱吸收 SO_2 系统，其吸收反应为极快不可逆反应，吸收液面上 SO_2 的平衡浓度可看作 0，则对数平均推动力可表示为：

$$\Delta y_m = \frac{y_1 - y_2}{\ln \dfrac{y_1}{y_2}} \qquad (4-7-13)$$

由于实验气体中 SO_2 浓度较低，则比摩尔分率 y_1、y_2 可分别用下式表示：

$$y_1 = \frac{p_{A_1}}{p}; y_2 = \frac{p_{A_2}}{p} \qquad (4-7-14)$$

式中，p_{A_1}、p_{A_2} 分别为进、出填料塔气体中 SO_2 的分压力，Pa；p 为吸收塔气体的平均压力，Pa。

由上述等式可得到以分压差为推动力的体积吸收系数的计算式为：

$$K_{Ga} = \frac{Q}{phA} \ln \frac{p_{A_1}}{p_{A_2}} \qquad (4-7-15)$$

式中，各参数意义同上。

表 4-7-1 实验测定结果记录表

大气压力：_____ kPa   室温：_____ ℃   液泛气速：_____ m/s

序号	液体流量（mL/min）	空气流量（mL/min）	SO_2 浓度（mg/m³）	填料层高度 h（m）	填料塔截面积 A（m²）	压降 Δp(Pa)

表 4－7－2　实验结果记录表

序号	空速 (m/s)	吸收前				吸收后				净化效率 η (%)	K_{Ga}	p_{SO_2}
		采样体积 V_N (L)	耗碘液 V (mL)	空白耗碘液 V (mL)	SO_2 浓度 C_1 (mg/m³)	采样体积 V_N (L)	耗碘液 V (mL)	空白耗碘液 V (mL)	SO_2 浓度 C_1 (mg/m³)			

六、实验结果与思考

（1）简述燃煤烟气的特性和污染物 SO_2 的危害。

（2）如何判断系统运行已稳定？

（3）讨论气速对填料塔传质的影响。

（4）分析在什么操作条件下填料塔具有良好的净化效率。

实验八　催化氧化法净化烟气中氮氧化物

一、实验目的

1. 加深对催化转化法去除氮氧化物原理的理解
2. 掌握实验操作和分析的基本能力

二、实验原理

氮氧化物是主要的大气污染物之一，包括一氧化氮、二氧化氮、一氧化二氮、三氧化二氮、五氧化二氮等多种氮的氧化物。本实验设计了氮氧化物催化转化实验体系，通过实验室配气，配制成一定浓度的 NO 和 NO_2 混合气体，进入催化转化反应器。进气中的 NO 和 NO_2 在反应器内被转化为 N_2 和 H_2O，实验中可根据配气系统调节进气氮氧化物浓度，通过反应器出口采样分析出口 NO 和 NO_2 浓度。

催化转化法是利用不同还原剂，在一定的温度和催化剂作用下，将 NO_x 还原为无害的 N_2 和 H_2O。按还原剂是否与空气中的 O_2 发生反应，分为选择性催化剂还原法（SCR）和非选择性催化还原法。

非选择性催化还原法是在一定温度和催化剂（一般为贵金属 Pt、Pd 等）的作用下，废气中的 NO_2 和 NO 被还原剂（H_2、CO_2、CH_4 及其他低碳氢化合物等燃料气）还原为 N_2，同时还原剂还与废气中的 O_2 作用生成 H_2O 和 CO_2。反应过程放出大量热能。该法燃料耗量大，需贵金属作催化剂，还需设置热回收装置，投资大，多改用选择性催化还原法。选择性催化还原法用 NH_3 作还原剂，加入氨至烟气中，NO_x 在 300℃～400℃ 的催化剂中分解为 N_2 和 H_2O。因没有副产物，且装置结构简单，所以该法适用于处理大气量的烟气。

以氨作还原剂，通常在空气预热器的上游注入含 NO_x 的烟气。此处烟气温度为 290℃～400℃，是还原反应的最佳温度。在含有催化剂的反应器内，NO_x 被选择性还原为 N_2 和 H_2O：

$$\begin{cases} 4NH_3 + 4NO + O_2 \longrightarrow 4N_2 + 6H_2O \\ 8NH_3 + 6NO_2 \longrightarrow 7N_2 + 12H_2O \end{cases} \tag{4-8-1}$$

与氨有关的氧化反应包括：

$$\begin{cases} 4NH_3 + 5O_2 \longrightarrow 4NO + 6H_2O \\ 4NH_3 + 3O_2 \longrightarrow 2N_2 + 6H_2O \end{cases} \tag{4-8-2}$$

运行中，通常取 NH_3：NO_x（摩尔比）为 0.81～0.82，NO_x 的去除率约为 80%。温度对还原效率有显著影响，提高温度能改进 NO_x 的还原，但若温度进一步提高，氧化反应变得越来越快，从而导致 NO_x 的产生。

在脱氮装置中催化剂大多采用多孔结构的钛系氧化物。烟气通过催化剂表面，由于扩散作用进入催化剂的细孔中，使 NO_x 的分解反应得以进行。催化剂有许多种形状，如粒状、板状和格状，而主要采用板状或格状以防止烟尘堵塞。

SCR 系统对 NO_x 的转化率为 60%～90%。压力损失和催化转化器空间气速的选择是 SCR 系统设计的关键。催化转化器的压力损失介于 0.5～0.7kPa，这取决于所用催化剂的几何形状，如平板式（具有较低的压力损失）或蜂窝状。当 NO_x 的转化率为 60%～90% 时，空间气速可选为 2200～7000h^{-1}。由于催化剂的费用在 SCR 系统的总费用中占比较大，从经济的角度出发，希望有较大的空间气速。

催化剂失活和烟气中残留的氨是与 SCR 工艺操作相关的两个关键因素。长期操作过程中催化剂"毒物"的积累是失活的主要原因，降低烟气的含尘量可有效延长催化剂的寿命。由于二氧化硫的存在，所有未反应的 NH_3 都将转化为硫酸盐。下式是一种可能的反应路径：

$$2NH_3 \text{（g）} + SO_3 \text{（g）} + H_2O \text{（g）} \longrightarrow (NH_4)_2SO_4 \text{（s）} \tag{4-8-3}$$

生成的硫酸铵为亚微米级的微粒，易于附着在催化转化器内或下游的空气预热器及引风机。随着 SCR 系统运行时间的增加，催化剂活性逐渐丧失，烟气中残留的氨或"氨泄漏"将增加。根据日本和欧洲 SCR 系统运行的经验，最大允许氨泄漏约为 5×10^{-6}（体积分数）。

三、实验仪器与设备

催化转化法净化烟气中氮氧化物实验装置如图 4-8-1 所示。利用高压钢瓶气配制

成模拟 NO_x 和适当配比的 NH_3，经缓冲罐充分混合和加热器加热到一定温度，进入催化转化反应器进行反应，净化后的气体经冷却器冷却后排出。冷却器为金属水冷蛇形管，通流气体与冷却水无接触。加热器可在管道内设置电加热管或直接连接管式炉作为加热器。催化转化反应器内装填二氧化钛为载体的五氧化二钒催化剂。

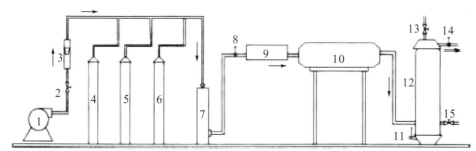

1—鼓风机；2—阀门；3—流量计；4—NO_2 气体钢瓶；5—NO 气体钢瓶；6—NH_3 气体钢瓶；
7—缓冲罐；8—进口气体取样点；9—加热器；10—催化转化反应器；
11—净化气体冷凝水取样阀；12—冷却器；13—冷却水进水阀；
14—净化气体取样点；15—冷却水排水阀

图 4-8-1 催化转化法净化烟气中氮氧化物实验装置

四、实验方法与步骤

（1）打开进气阀门，启动鼓风机。

（2）调节气体流量计控制进气流量。

（3）打开加热器，调节温度为 250℃。

（4）打开冷却水进水阀和排水阀。

（5）待加热器温度升到 250℃后，打开 NO 和 NO_2 钢瓶，调节 NO 和 NO_2 浓度约为 $200mg/m^3$，打开 NH_3 钢瓶，调节 NH_3 浓度约为 $154mg/m^3$。

（6）3min 后取净化气体样分析 NO、NO_2 和 NH_3 浓度。

（7）调节加热器温度为 300℃。

（8）待加热器温度升到 300℃，3min 后取净化气体样分析 NO、NO_2 和 NH_3 浓度。

（9）取冷凝水测 pH。

（10）分别调节加热器温度为 350℃、400℃、450℃，重复步骤（8）和（9）的操作。

（11）最后一次样品测定结束后，关闭 NO、NO_2 和 NH_3 钢瓶微调阀和总阀。

（12）关闭加热器。

（13）关闭鼓风机。

（14）关闭冷却水进水阀和出水阀。

（15）整理实验室内务，切断所有带电设备电源。

（16）注意事项：实验中应该严格防止氮氧化物和氨气泄漏。操作钢瓶时应缓慢开启并仔细查漏。如果有泄漏现象，应快速关闭钢瓶总阀。实验一段时间以后，应防止催

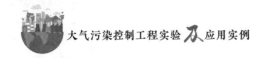

化转化反应器内催化剂失活。当去除率数据相差较大时，在排除其他原因的基础上，应对催化剂进行更换或再生。

五、实验数据整理

（1）按表 4-8-1 记录实验数据并处理。

表 4-8-1　催化转化法净化烟气中氮氧化物实验记录表

第_____组　　姓名：_____　　实验日期：_____

相对湿度：_____℃　　流量：_____　　NH_3：NO_x：_____

加热器温度（℃）	NO（mg/m³）		NO₂（mg/m³）		NH₃（mg/m³）		冷凝水
	进气	出气	进气	出气	进气	出气	pH
200							
250							
300							
350							
400							
450							
500							

（2）把上表浓度数据换算成摩尔浓度 $mmol/m^3$。

（3）计算氮氧化物去除率：

$$\eta = \frac{c_t - c_0}{c_0} \times 100\% \qquad (4-8-4)$$

式中，η 为 NO、NO_2 或总氮氧化物去除效率；c_0 为 NO、NO_2 或总氮氧化物入口浓度，$mmol/m^3$；c_t 为 t 时刻所测 NO、NO_2 或总氮氧化物出口浓度，$mmol/m^3$。

（4）计算不同温度下 NH_3 的利用率。

（5）画出温度—去除率曲线。

（6）画出温度—氨利用率曲线。

六、实验结果与思考

（1）在实验温度范围内，分析氮氧化物去除率和温度的关系。

（2）氨的利用率和氮氧化物去除率有什么关系？

（3）氨的理论投加量如何计算？

（4）常用氮氧化物催化转化的催化剂有哪些？

（5）分析进出口气体取样点的合理性。

实验九　填料塔反应器回收烟气中 CO_2

一、实验目的

1. 了解用填料塔回收 CO_2 的方法
2. 了解填料塔结构、塔内气液接触状况和吸收过程的基本原理
3. 熟悉用吸收法净化烟气的原理和效果
4. 了解改变气流速度，观察填料塔内气液接触状况和液泛现象
5. 掌握测定填料塔的吸收效率

二、实验原理

烟气是复杂的混合气体，其中含有 $10\%\sim25\%$ CO_2，CO_2 是主要的温室气体，由温室气体引起的温室效应是引起全球气候变化的主要原因之一。因此，回收烟气中的 CO_2 可以减少大气中的温室气体含量，减轻温室效应。填料塔化学吸收法回收烟气中 CO_2 是工业上最常用的方法之一。化学吸收剂可采用各种无机碱和有机碱，如 NaOH、KOH、Na_2CO_3、K_2CO_3 和有机醇胺化合物等。本实验采用有机醇胺化合物 MEA（一乙醇胺）溶液作吸收剂，吸收过程发生的主要化学反应为：

$$H_2O \longrightarrow H^+ + OH^- \tag{4-9-1}$$

$$CO_2 + H_2O \longrightarrow HCO_3^- + H^+ \tag{4-9-2}$$

$$CO_2 + OH^- \longrightarrow HCO_3^- \tag{4-9-3}$$

$$RNH_2 + H^+ \longrightarrow RNH_3^+ \tag{4-9-4}$$

$$RNH_2 + HCO_3^- \longrightarrow RNHCOO^- + H_2O \tag{4-9-5}$$

总反应方程式为：

$$CO_2 + 2RNH_2 \longrightarrow RNH_3^+ + RNHCOO^- \tag{4-9-6}$$

实验过程中，通过测定填料塔进出口烟气中 CO_2 的含量，即可计算出填料塔的平均回收效率及解吸效果。气体中 CO_2 含量的测定采用奥氏气体分析仪，液相 CO_2 的含量采用酸解体积法，溶液总碱度采用标准酸碱滴定法。

实验中通过测出填料塔进出口气体的全压，即可计算填料塔的压降；若填料塔的进出口管道直径相等，用 U 形管压差计测出其静压差即可求出压降。

三、实验仪器与设备

1. 试剂

MEA（一乙醇胺），99.5％；KOH，分析纯；H_2SO_4，分析纯；CO_2，99.9％；N_2，99.9％；甲基橙，分析纯。

(1) 吸收液：30％MEA溶液。

(2) 混合气（模拟烟气）：15％ CO_2、85％ N_2。

(3) 气相组成分析液：40％ KOH。

(4) 液相组成酸解液：40％ H_2SO_4。

2. 仪器

配气系统，1套；混合气钢瓶，1个；转子流量计，2个；蠕动泵，2台；吸收塔，1个；再生塔，1个；冷却器，2个；气液分离器，1个；伏特电控仪，1个；溶液储槽，1个；U形管压力计；奥氏气体分析仪；酸解体积分析仪。

3. 实验装置

填料塔反应器装置采用吸收－常压再生流程，如图4-9-1所示。填料为陶瓷拉西环，散装方式填装，柱设备和管道外部均有保温材料包裹保温。溶液循环由两台计量蠕动泵完成，输送溶液进吸收塔的泵为贫液泵，输送溶液进再生塔的泵为富液泵。再生塔和再生塔均由一段填料层组成，再生热来自电加热器，通过调节电压控制再生温度。另外，流量计预先校正。

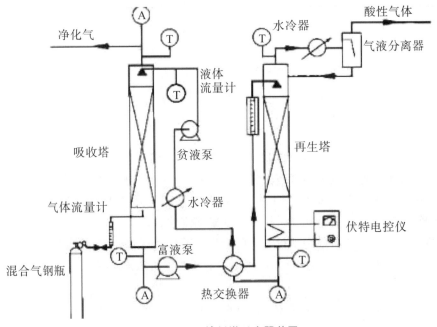

图4-9-1 填料塔反应器装置

四、实验方法与步骤

（1）在配气系统上，按实验要求预先将混合气（模拟烟气，N_2/CO_2）进行配制，即 15% CO_2、85% N_2。

（2）在溶液储槽，按实验要求预先将吸收剂 MEA 溶液进行配制，即 30% MEA 溶液。

（3）启动贫液泵，使溶液在吸收塔中建立液位。

（4）启动富液泵，使溶液在再生塔中建立液位，并使溶液在系统中循环。

（5）启动电源，调节伏特电控仪，电压控制在 210~240V，使再生塔升温，再生温度控制在 110℃~118℃。

（6）调节钢瓶减压阀和吸收塔进口阀，使流量达到实验要求的指标。

（7）混合气从吸收塔塔底进入吸收塔，在填料层与从塔顶流下的溶液逆向接触，气相中的酸性气体被吸收剂吸收，吸收后的气流（净化气）由塔顶排出。

（8）吸收酸性气体后的富液从吸收塔塔底流出，由富液泵送至再生塔塔顶。

（9）富液在再生塔填料层被蒸气加热再生，富液释放出酸性气体，形成再生气，富液转化为贫液。

（10）再生气从再生塔塔顶排出，经水冷器冷却和气液分离器分离，酸性气体排出系统，冷凝液回流再生塔。

再生蒸气由电加热器加热再生塔塔底的溶液产生，再生塔塔底的贫液流出再生塔，在热交换器与富液进行热交换，再由贫液泵送至吸收塔塔顶，水冷器可以控制进入吸收塔塔顶贫液的温度。溶液在系统内得到循环。操作系统达到稳定状态约需 0.5h，气液相分析样品由各取样点取得。

（11）设置实验操作条件（表 4-9-1），按照上述操作步骤进行实验，分别记录气体流量和液体流量数据、贫液和富液温度，分别对气体和液体取样点进行取样分析，记录分析数据。

表 4-9-1　实验操作条件和分析取样点

气体流量(L/min)	液体流量(L/min)	取样分析	备注
5	0.5	气样、液样	分析进出口气样、液样 CO_2 含量
	1.0	气样、液样	分析进出口气样、液样 CO_2 含量
	1.5	气样、液样	分析进出口气样、液样 CO_2 含量
2.0	1.0	气样、液样	分析进出口气样、液样 CO_2 含量
4.0		气样、液样	分析进出口气样、液样 CO_2 含量
6.0		气样、液样	分析进出口气样、液样 CO_2 含量

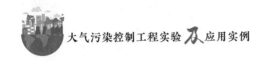
五、实验数据整理

记录气体流量和液体流量、贫液和富液温度，分析数据，将获得的数据填入表 4-9-2，并计算回收率、气体负载和溶液容量。

表 4-9-2　实验数据记录表

大气压力：_____ MPa　　　室温：_____ ℃

序号	流量（m³/s）		温度（℃）		气体组分（%）		液相负载（mol/L）		β	η
	气体	液体	贫液	富液	y_{in}	y_{out}	a_{in}	a_{out}		
1										
2										
3										
4										
5										
6										

1. 回收率（η）

回收率为烟气混合气经吸收塔吸收后，气相中已被溶液吸收的酸性气体组分 i（$i=CO_2$）与烟气中的酸性气体组分含量的比值，根据物料平衡可以得到下式：

$$\eta = \left(1 - \frac{y_{i,out}}{1 - y_{i,out}} \cdot \frac{1 - y_{i,in}}{y_{i,in}}\right) \times 100\% \qquad (4-9-7)$$

或

$$\eta = \left(1 - \frac{y_{i,out}}{y_{i,in}}\right) \times 100\% \qquad (4-9-8)$$

式中，$y_{i,out}$ 和 $y_{i,in}$ 分别为吸收塔出口和进口气相组分 $i=CO_2$ 的摩尔分数，y 值由分析数据获得。

2. 酸性气体负载（a）

溶液的酸性气体负载是指酸性气体 $i=CO_2$ 溶解在溶液中物理溶解量和化学吸收量的和。其表达为单位溶液体积含酸性气体的量（L/L 或 mol/L），或溶液单位有机胺浓度下的酸性气体的量（mol/mol）。负载表明了吸收剂在某一操作条件下吸收酸性气体的能力，由分析数据获得。

3. 溶液容量（β）

溶液容量为在某一操作条件下溶液吸收酸性气体组分，吸收塔出口溶液负载与进口溶液负载之差：

$$\beta = a_{out} - a_{in} \qquad (4-9-9)$$

六、实验结果与思考

（1）有机醇胺化合物的结构有何特征？其吸收 CO_2 的原理是什么？

（2）气液分离器的作用是什么？

（3）除本实验设置的操作条件外，本实验装置还能测定什么工艺参数？

（4）从实验结果你可以得出哪些结论？

实验十　光催化氧化法净化 VOCs

一、实验目的

1. 了解半导体光催化材料特性及其制备方法
2. 了解在紫外光下的光催化反应原理
3. 掌握光催化实验的基本方法
4. 掌握光催化氧化 VOCs 净化效率的计算

二、实验原理

VOCs（挥发性有机物）是一类重要的空气污染物，通常是指沸点 50℃～260℃、室温下饱和蒸气压超过 133.132kPa 的有机化合物，包括烃类、卤代烃、芳香烃、多环芳香烃等。工业排放的工艺尾气、废弃物焚烧的烟气、机动车排放的尾气中均含有多种 VOCs；室内装饰、装修材料（如木材防腐剂、涂料、胶合板等）在常温下可释放出甲苯、苯、二甲苯、甲醛等多种挥发性有机物质；日常生活中使用的化妆品、除臭剂、杀虫剂、各种洗涤剂等导致 VOCs 向大气中释放。这些因素导致环境空气中 VOCs 浓度升高和室内空气质量下降。

VOCs 具有的特殊气味能导致人体呈现不适感，具有毒性和刺激性。已知许多 VOCs 具有神经毒性、肾脏和肝脏毒性，甚至具有致癌作用，能损害血液成分和心血管系统，引起胃肠道紊乱，诱发免疫系统、内分泌系统及造血系统疾病。各种室内 VOCs 以苯、甲苯、二甲苯和甲醛最为常见。

近年来，光催化技术在工业废气净化和室内空气污染处理方面得到了应用。利用催化剂的光催化氧化性，使吸附在其表面的 VOCs 发生氧化还原反应，最终转变为 CO_2、H_2O 及无机小分子物质。具有光催化作用的半导体催化剂，在吸收了大于其带隙能的光子时，电子从充满的价带跃迁到空的导带，而在价带上留下带正电的空穴。光致空穴具有很强的氧化性，能将其表面吸附的 OH 基团氧化成自由基 OH·。常用的金属氧化物光催化剂有 Fe_2O_3、WO_3、Cr_2O_3、ZnO、ZrO、TiO_2 等。由于 TiO_2 来源广、成本低、化学稳定性和催化活性高、抗光腐蚀能力强、光匹配性好，在近紫外线区吸光系数大、光催化作用持久、没有毒性，成为最常用的光催化剂。

光催化反应原理是在紫外光作用下，TiO_2 半导体纳米材料可以激发出"电子－空穴"对（一种高能粒子），由于半导体能带的不连续性，"电子－空穴"的寿命较长，它们能够在电场作用下或通过扩散方式运动，与吸附在半导体催化剂粒子表面上的物质发生氧化还原反应，或者被表面晶格缺陷俘获。"电子－空穴"在催化剂粒子内部和表面也能直接复合。空穴能够与吸附在催化剂粒子表面的 HO 或 H_2O 发生作用生成羟基自由基 OH·。OH· 是一种活性很高的粒子，能够无选择地氧化多种有机物，通常被认为是光催化反应体系中主要的氧化剂，可将 VOCs 有害污染物氧化、分解成 CO_2、H_2O 等无毒无味的物质。

三、实验仪器与设备

1. 试剂

钛酸四丁酯，分析纯；硝酸，分析纯；无水乙醇，分析纯；氢氧化钾，分析纯；醋酸锌，分析纯；聚乙二醇，分析纯；硝酸铟，分析纯；硝酸铁，分析纯；硝酸银，分析纯；硝酸锰，分析纯；鸽酸铵，化学纯；氯铂酸，分析纯；四氯化锡，分析纯；铝片，为 $400 \times 210 \times 0.1$（mm，长×宽×厚）。

2. 仪器

空压机，1 台；缓冲罐，1 台；流量计，2 台；VOCs 发生器，1 台；光催化反应器，1 台；温控仪，1 台；恒温磁力搅拌器，1 台；电热鼓风干燥箱，1 台；马弗炉，1 台；温度和压力数字式设定与程序控制仪，1 套；气相色谱仪，1 台。

3. 实验装置

实验包括两部分：TiO_2 薄膜催化剂制备和催化剂活性评价。

（1）TiO_2 薄膜催化剂制备以金属铝片作为载体材料，采用溶胶－凝胶（sol－gel）法制取涂覆溶胶，在铝箔表面涂覆一层均匀透明的溶胶膜，最后固化而成。

（2）催化剂活性评价体系包括 VOCs 气体发生部分和光催化反应部分。气体发生装置产生含有定量污染物的混合气体，通过流量计计量，混合气进入光催化反应器中，在紫外灯照射下，发生光催化反应，通过气相色谱仪检测反应器进口和出口的污染物浓度的变化。实验装置如图 4－10－1 所示。

① VOCs 气体发生部分。气体压缩机、缓冲罐、转子流量计、气体发生器。气体经流量计计量后分成两股，一股进入装有甲苯的气体发生器，将发生器中挥发的甲苯带出；另一股不经气体发生器直接通过。两股气体在进入光催化反应器前混合，混合气中 VOCs 浓度是通过调节两股气的流量比例来控制的。

② 光催化反应部分。光催化反应器的有效尺寸为：长 500mm、内径 80mm、壁厚 3mm，不锈钢材质，反应器两端为法兰密闭连接，内管可装入催化剂和紫外灯管。用来作为激发光源的紫外灯管置于反应器中心线，两端用聚四氟乙烯做绝缘。将涂覆二氧化钛薄膜的铝箔卷成筒状沿反应器的内壁放置。反应器温度和压力由热电偶和压力表实

时显示。实验中所用紫外灯为 15W 的黑光灯，主要输出波长 265nm，相应最大输出光强为 2.47MW/cm，灯管直径 26mm、长 400mm6。

混合气中 VOCs（甲苯）浓度分析采用配有氢火焰检测器（FIT）的气相色谱仪进行。色谱柱为 Porapak Q 毛细柱，长 30m，直径 0.32mm。色谱分析条件为：①色谱柱温度 210℃。②检测室温度 230℃。③载气（He）流量 75mL/min。④燃气（H_2）流量 60mL/min。⑤助燃气（空气）流量 50mL/min。⑥分流比 1。⑦保留时间 6.496s。

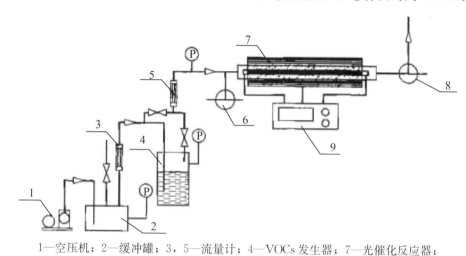

1—空压机；2—缓冲罐；3，5—流量计；4—VOCs 发生器；7—光催化反应器；
6，8—取样阀；9—温控仪

图 4-10-1 光催化净化气体中 VOCs 装置

四、实验方法与步骤

1. 光催化剂制备

（1）预处理铝片。采用金属铝片作为载体材料，使用前先用砂纸将铝片表面打磨，再用 5.0mol/L NaOH 溶液处理。除去表面的三氧化二铝，增加铝片表面粗糙度，使 TiO_2 更易附着，处理完毕后用去离子水清洗表面，放在烘箱内烘干，冷却后待用。

（2）制备涂覆溶胶。采用溶胶-凝胶法，制备步骤如下：

①准确量取 40mL 钛酸四丁酯，溶于 100mL 无水乙醇中，充分搅拌混合均匀，再加入 8mL 乙酰丙酮，继续搅拌。

②在上述溶液中加入 0.8mL 浓硝酸和 20mL 去离子水，继续搅拌混合均匀，得到溶液 A。

③准确称量 1.877g 聚乙二醇（相对分子质量 6000），将其溶于 100mL 无水乙醇中，稍微加热，并搅拌使其完全溶解，得到溶液 B。

④将溶液 B 缓慢加入溶液 A 中，充分搅拌，使其完全混合。

⑤得到稳定的涂覆溶胶后，放到暗处陈化 2h，待用。

（3）涂覆铝片。将经过预处理并称重的铝片在涂覆溶胶中浸泡 5min，再以 10cm/min 的速度匀速地将铝箔垂直提拉出液面。这样在铝箔表面会附着一层均匀透明的溶胶膜。将铝片放入马弗炉中，在200℃下焙烧30min，重复本步骤7次，直至铝箔表面形成一定厚度的固定相薄膜。本实验中铝片共涂覆8次。

（4）将涂覆好的铝片放入马弗炉中，按2℃/min的速度将温度升至550℃，并在此温度下焙烧3h，冷却后得结晶相薄膜。

2. 催化剂活性评价

（1）实验系统稳定性检测。

①打开气相色谱和工作站，设置相应的测定条件。

②在VOCs发生器中倒入一定量的液态甲苯。

③安装紫外灯管，并沿反应器四壁放置涂覆有光催化剂的铝片，插入热电偶，安装好光催化反应系统。

④连接系统各部分，启动空压机，调节气体流量，使甲苯浓度为10mg/m³，并使通过反应器的气体总流量为1L/min左右。

⑤在反应器进出口取样，每8min测定一次甲苯浓度，直至其基本保持不变，此时系统达到吸附平衡状态。

（2）活性评价。

在系统达到吸附稳定后打开紫外灯，同时开始计时。在5min时开始取样分析，之后每隔8min取样和进样一次，并记录实验结果。待测得的浓度保持稳定时结束实验，关闭紫外灯。

3. 操作条件对光催化效率影响实验

通过改变紫外灯波长、处理气量和进气浓度，分别测定这些因素下反应器进出口甲苯浓度，观察这些因素对甲苯净化效率的影响，并探索最佳操作条件。

五、实验数据整理

1. 催化去除效率

$$\eta = \left(1 - \frac{C_1}{C_2}\right) \times 100\% \qquad (4-10-1)$$

式中，C_1为反应器入口处气体中VOCs浓度，mg/m³；C_2为反应器出口处气体中VOCs浓度，mg/m³。

2. 催化剂活性评价

催化剂活性评价结果记入表4-10-1中。

表4-10-1 催化剂活性评价结果

紫外灯波长：_____nm；处理气量：_____L/min；甲苯初始浓度：_____mg/m³；

相对湿度：_____%；气压：_____kPa；室温：_____℃

实验时间（min）	5	13	21	29	37	···
排气VOCs浓度（mg/m³）						
催化去除效率（%）						

3. 光催化效率影响因素

（1）紫外灯波长对光催化效率的影响结果记入表 4－10－2 中。

表 4－10－2　紫外灯波长对光催化效率的影响结果

处理气量：_____ L/min；甲苯初始浓度：_____ mg/m³；

气压：_____ kPa；室温：_____℃；相对湿度：40％

紫外灯波长（nm）	254	356
排气 VOCs 浓度（mg/m³）		
催化去除效率（％）		

（2）处理气量对光催化效率的影响结果记入表 4－10－3 中。

表 4－10－3　处理气量对光催化效率的影响结果

紫外灯波长：_____ nm；甲苯初始浓度：_____ mg/m³；气压：_____ kPa；

室温：_____℃；相对湿度：40％

处理气量（L/min）	0.6	0.8	1.0	1.2	1.4	…
排气 VOCs 浓度（mg/m³）						
催化去除效率（％）						

（3）进气浓度对光催化效率的影响结果记入表 4－10－4 中。

表 4－10－4　进气浓度对光催化效率的影响结果

紫外灯波长：_____ nm；处理气量：_____ L/min；

气压：_____ kPa；室温：_____℃；相对湿度：40％

甲苯初始浓度（mg/m³）	5.0	10.0	20.0	40.0	60.0	80.0
排气 VOCs 浓度（mg/m³）						
催化去除效率（％）						

六、实验结果与思考

（1）试确定催化剂制备过程中的关键步骤。

（2）绘制光催化效率随各因素变化的曲线。

（3）这些因素是如何影响光催化效率的？

（4）最佳的操作条件是什么？

（5）实验中还可以考虑哪些因素对光催化效率的影响？

（6）本实验可以采用正交实验方案吗？如何设计正交实验？

实验十一　生物质型煤燃烧过程脱硫实验

一、实验目的

1. 了解型煤特性和生物质型煤特点
2. 了解型煤阶段性脱硫的过程和方法
3. 熟悉型煤固硫原理和工艺方法与生物质型煤固硫工艺
4. 掌握生物质型煤燃烧过程脱硫的实验方法
5. 掌握正交实验法

二、实验原理

　　型煤燃烧过程脱硫简称型煤固硫，是将一定粒度的不同粉煤，按照不同燃烧要求，进行混配、加工成型。成型后的型煤也称为固硫型煤，可以分为民用固硫型煤和工业固硫型煤。固硫型煤的特点主要是可以减少烟尘排放量，燃烧过程中消除燃煤烟气中的二氧化硫。使用固硫型煤是解决燃煤污染的手段之一。目前，固硫型煤技术已较成熟，为推广固硫型煤提供了良好的技术条件，型煤固硫是控制 SO_2 污染的一条经济有效的途径。

　　固硫生物质型煤是在粉煤中添加有机活性物生物质（如秸秆等）、固硫剂（如石灰石、生石灰、电石渣、白云石等），将其混合后经高压而制成具有易燃、脱硫效果显著、未燃损失小等特点的型煤。一般型煤固硫率较低，生物型煤的固硫率可以达到 70％ 左右。一般型煤在燃烧过程中，当温度升高到一定程度后，固硫剂 CaO 颗粒内部发生烧结，使孔隙率大大下降，增大了 SO_2 和 O_2 向颗粒内部的扩散阻力，致使钙利用率下降。生物型煤在成型过程中，不仅加了脱硫剂氧化钙，而且加了有机活性物质（秸秆等），生物型煤在燃烧过程中，随着温度的升高，由于这些有机生物质比煤先燃烧完，炭化后留下空隙起到膨化疏松作用，使固硫剂 CaO 颗粒内部不易发生烧结，甚至使孔隙率反而大大增加，增大了 SO_2 和 O_2 向 CaO 颗粒内的扩散作用，提高了钙的利用率。因此，生物型煤比一般型煤固硫率高。提高型煤固硫率的关键是固硫剂的制备，要求有尽可能大的比表面积，反应活性尽可能高，同时要求固硫剂能耐较高的温度，并使所生成的硫酸盐在高温下不易分解。铁系化合物和固体粉末强氧化剂等可以作为添加剂。铁系化合物对固硫反应有较高的催化作用，固硫反应是一个典型的氧化反应，硫的化合价从 +4 价氧化成 +6 价，而铁具有可变价态，是良好的氧化反应催化剂。研究表明，铁系化合物在固硫过程中主要是加快了 $CaO+SO_2+O_2$ 向产物 $CaSO_4$ 转化这一过程，同时发现加入铁系化合物能抑制 $CaSO_4$ 的分解，煤燃烧后灰渣主要以 $CaSO_4$ 形式存在。强氧化剂在高温下能与燃烧中二氧化硫等有害气体发生氧化反应生成硫酸盐，能将燃煤中的金属矿物质催化分解，与二氧化硫和氧气生成硫酸盐固体物质，所有硫酸盐固体物质随炉渣排出，从而达到固硫、降污作用。另外，强氧化剂和氯化钠能起助燃作用，有助于生物质型煤容易点火，能提高生物质型煤燃烧时的热效率。

生物质型煤的燃烧固硫是在炉膛燃烧时，由于固硫剂的作用，煤中的硫以稳定的产物（主要是硫酸盐）保留在灰渣中，从而达到减少向大气排放 SO_2 的目的。型煤固硫的反应十分复杂，可能存在多种途径，主要化学反应如下（以石灰石固硫剂为例）：

固硫剂分解

$$CaCO_3 \longrightarrow CaO + CO_2 \qquad (4-11-1)$$

固硫反应

$$CaO + SO_2 \longrightarrow CaSO_3 \qquad (4-11-2)$$

$$CaSO_3 + \frac{1}{2}O_2 \longrightarrow CaSO_4 \qquad (4-11-3)$$

影响型煤固硫率的主要因素有固硫剂种类、燃烧温度、钙硫比、出硫剂粒度、生物质含量和固硫添加剂等。其中，固硫添加剂的加入可以加速 CaO 与 SO_2 的气固反应，减少固硫产物的分解，从而提高固硫率。

三、实验仪器与设备

1. 试剂

煤料，山东枣庄煤，含硫量 3.24%，粒径 2mm；山西大同煤，含硫量 0.95%，粒径 2mm；生物质，稻草，粉碎成 3mm；氢氧化钙，分析纯；碳酸钙氧化钙，分析纯；二氧化锰，分析纯；三氧化二铁，分析纯；氧化铝，分析纯。

2. 仪器

空压机，1 台；缓冲罐，1 台；流量计，1 个；管式电炉，1 台；温控装置，1 台；饲料粉碎机，1 台；二氧化硫分析仪，1 台。

3. 实验装置

生物质型煤燃烧过程脱硫实验装置如图 4-11-1 所示。型煤氧化反应系统采用内阻为 54Ω、额定电压为 220V 的管式电炉，其内胆材料为耐火陶瓷，最高温度可达 1150℃ 左右。内插一根耐高温石英管，型煤样品置于石英管内，使其处于管式电炉的中部，管式电炉的升温速率及温度控制由温控装置控制。温控装置连接石英管和电炉内胆之间的镍铬-镍硅热电偶，测量和控制反应温度。

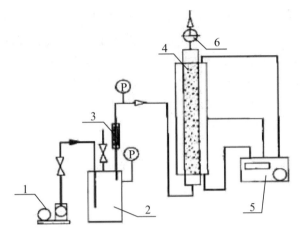

1—空压机；2—缓冲罐；3—流量计；4—管式电炉反应器；

5—温度控制仪；6—取样阀

图 4-11-1　生物质型煤燃烧过程脱硫实验装置

四、实验方法与步骤

（1）正交实验设计。实验进行各种固硫剂和固硫添加剂的不同组合，采用正交实验方法。在实验中，固硫剂选择 $Ca(OH)_2$、$CaCO_3$ 和 CaO 三种，固硫添加剂选样 MnO_2、Al_2O_3 和 Fe_2O_3 三种。固硫添加剂量分为 0.2%、0.4% 和 0.8% 三个水平。选用 L_9（3^4）型正交表，实验安排见表 4-11-1。另外，对不加固硫剂和固硫添加剂的型煤样品进行空白实验，实验钙硫比为 2:1，成型压力为 150MPa。

表 4-11-1　生物质型煤燃烧固硫正交实验设计

因素实验号	固硫剂种类		添加剂种类		添加剂含量	
1	$Ca(OH)_2$	1	MnO_2	1	0.2%	1
2	$Ca(OH)_2$	1	Al_2O_3	2	0.4%	2
3	$Ca(OH)_2$	1	Fe_2O_3	3	0.8%	3
4	$CaCO_3$	2	MnO_2	1	0.4%	2
5	$CaCO_3$	2	Al_2O_3	2	0.8%	3
6	$CaCO_3$	2	Fe_2O_3	3	0.2%	1
7	CaO	3	MnO_2	1	0.8%	3
8	CaO	3	Al_2O_3	2	0.2%	1
9	CaO	3	Fe_2O_3	3	0.4%	2

（2）称取山东枣庄煤 3.122g 和山西大同煤 9.878g，装入同一个标有样品号的烧杯中，混合均匀（混煤含硫量 1.5%）。

（3）称取所需固硫剂和固硫添加剂，装在标有样品号的称量瓶中，混合均匀。

（4）将混合均匀的固硫剂和固硫添加剂倒入盛有煤样的烧杯中，并混合均匀。

（5）称取 1.95g 稻草，加入按前述步骤做好的样品中，混合均匀。

（6）在螺旋挤压成型机上以 150MPa 的压力压制成两个型煤备用。

（7）将管式电炉预热至 500℃，调节温控仪，使电炉保持恒温。将预先制备的两个型煤样品加入反应管中部，然后迅速将反应管塞紧并通入 6L/min 的空气，同时将电压调至 220V。

（8）开始记录时间，每 5min 取样一次，分析尾气 SO₂ 含量，同时读取电炉的温度值。当温度升至 1100℃时，调节温控仪，使温度保持恒定。

（9）燃烧至 120min 时停止记录，结束实验。

（10）待电炉冷却后，取出反应管，将灰渣倒入称量瓶中并称重，记录灰渣质量。

五、实验数据整理

1. SO₂ 浓度—时间、电炉燃烧温度—时间曲线

根据表 4-11-2 中数据进行绘图，作出 SO₂ 浓度—时间和电炉燃烧温度—时间的变化曲线。

表 4-11-2 　电炉燃烧温度与 SO₂ 浓度测定结果表

时间（min）	5	10	15	20	25	30	35	40	45	50	55	60
电炉燃烧温度（℃）												
SO₂浓度(mg/m³)												

2. 硫的总排放量

对所作曲线变化图进行近似积分，计算出 120min 内硫的总排放量。硫的总排放量的计算公式如下：

$$S = \frac{\left[\sum_{i=0}^{n-1} \frac{1}{2}(\phi_i + \phi_{i+1})(t_{i+1} - t_i)\right]QM}{V_m} \tag{4-11-4}$$

式中，S 为硫的总排放量，g；ϕ 为 SO₂ 的排放浓度，mg/m³；t 为燃烧时间（分为 n 个计算区间），min；Q 为空气流量，L/min；M 为硫的摩尔质量，32g/mol；V_m 为 20℃时空气的摩尔体积，24.0L/mol。

3. 固硫率

型煤试样中含有的硫的总量为 S_t=13g×1.5%=0.195g，通常固硫率可以表示为：

$$\eta_s = \frac{(S_t - S) \times 100\%}{S_t} \tag{4-11-5}$$

由于煤中含有矿物质方解石（主要成分为 CaCO₃）和白云石（主要成分为 CaCO₃·MgCO₃），燃烧时会在较低湿度（600℃～700℃）下发生分解反应，生成 CaO，从而将燃烧产生的一部分 SO₂ 固定在灰渣里。也就是说，煤在燃烧过程中，自身有一定的固硫作用。因此，在计算加入固硫剂和添加剂的型煤样品的固硫率时，不应以型煤

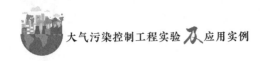

试样中的总硫量为基数，而应以空白试样硫的总排放量为基数。计算公式如下：

$$\eta_s = \frac{(S_0 - S) \times 100\%}{S_0}$$ (4-11-6)

式中，S_0 为空白试样硫的总排放量，g；S 为加固硫剂的试样的总排硫量，g。

4. 正交实验结果

实验中测得的各种型煤的固硫率汇总于表 4-11-3。根据实验要求，完成数据处理，并分析最佳的型煤配方。

表 4-11-3　生物质型煤燃烧固硫正交实验结果表

因素 实验号	1		2		3		固硫率（%）
	固硫剂种类		添加剂种类		添加剂含量		
0	—		—		—		
1	Ca(OH)$_2$	1	MnO$_2$	1	0.2%	1	
2	Ca(OH)$_2$	1	Al$_2$O$_3$	2	0.4%	2	
3	Ca(OH)$_2$	1	Fe$_2$O$_3$	3	0.8%	3	
4	CaCO$_3$	2	MnO$_2$	1	0.4%	2	
5	CaCO$_3$	2	Al$_2$O$_3$	2	0.8%	3	
6	CaCO$_3$	2	Fe$_2$O$_3$	3	0.2%	1	
7	CaO	3	MnO$_2$	1	0.8%	3	
8	CaO	3	Al$_2$O$_3$	2	0.2%	1	
9	CaO	3	Fe$_2$O$_3$	3	0.4%	2	
Ⅰ							
Ⅱ							
Ⅲ							Ⅰ＋Ⅱ＋Ⅲ＝
Ⅰ/k_i							
Ⅱ/k_i							
Ⅲ/k_i							
R							

注：①Ⅰ为水平 1 实验结果总和；Ⅱ为水平 2 实验结果总和；Ⅲ为水平 3 实验结果总和。
②k_i＝实验次数/第 i 个因素的水平数，$i=1$，2，3，4，在本实验中，$k_i=3$。
③R 为极差，为 Ⅰ/k_i、Ⅱ/k_i、Ⅲ/k_i 中的最大数减去最小数。

5. 绘制固硫率与配比之间的关系图

六、实验结果与思考

（1）根据 SO$_2$ 浓度—时间、电炉燃烧温度—时间曲线，你得出什么结论？

（2）哪些是影响脱硫率的重要因素？

（3）根据正交实验结果，确定固硫率最高的型煤配方是什么？

（4）如果设计单因素实验，应如何选择实验条件？

实验十二　脉冲电晕等离子体法脱除烟气中的 SO_2 和 NO_x

一、实验目的

1. 了解烟气同时脱硫脱氮的现状和意义
2. 了解脉冲电晕等离子体法在脱硫脱氮上应用
3. 掌握脉冲电晕等离子体法脱除 SO_2 和 NO_x 的工艺方法
4. 掌握脱硫脱硝装置烟气成分的分析方法
5. 熟悉脉冲电压电流及功率的测定方法

二、实验原理

脉冲电晕等离子体法（PPCP）是利用高能电子使烟气中的 H_2O、O_2 等气体分子被激活、电离或裂解而产生强氧化性的自由基，自由基对 SO_2 和 NO_x 进行等离子体催化氧化，分别生成 SO_3 和 NO 或相应的酸，在有添加剂（如 NH_3）的情况下，生成相应的盐而沉降下来。PPCP 的特点是电晕放电自身产生，它利用上升前沿陡、窄脉冲的高压电源（上升时间 $10 \sim 100 ns$，拖尾时间 $100 \sim 500 ns$，峰值电压 $100 \sim 200 kV$，频率 $20 \sim 200 Hz$）与电源负载、电晕电极系统（电晕反应器）组合，在电晕与电晕反应器电极的气隙间产生流光电晕等离子体，从而对 SO_2 和 NO_x 进行氧化去除。另外，烟气中的粉尘有利于 PPCP 脱硫脱氮效率的提高。脉冲电晕等离子体法脱硫脱氮的副产物为硫酸铵、硝酸铵混合物，可以作为肥料。因此，PPCP 集三种污染物脱除于一体，且能耗和成本较低，从而成为最具吸引力的烟气治理方法。

烟气经过静电除尘、喷雾冷却，烟气的温度接近其饱和温度值（$60℃ \sim 70℃$），烟气进入脉冲电晕反应器，脉冲高压作用于反应器中的放电电极，在放电电极和接地极之间产生强烈的电晕放电，产生 $5 \sim 20 eV$ 高能电子和大量的带电离子、自由基、原子和各种激发态原子、分子等活性物质，如 OH 自由基、O 原子、O_3 等，它们将烟气中的 SO_2 和 NO_x 氧化，在有氨注入的情况下，最终生成硫酸铵和硝酸铵，硫酸铵和硝酸铵被产物收集器收集。主要的反应如下：

自由基生成

$$N_2、O_2、H_2O + e^- \longrightarrow HO·、O·、HO_2·、N· \qquad (4-12-1)$$

SO_2 氧化和 H_2SO_4 形成

$$SO_2 \xrightarrow{O·} SO_3 \xrightarrow{H_2O} H_2SO_4 \qquad (4-12-2)$$

$$SO_3 \xrightarrow{\cdot OH} HSO_3 \cdot \xrightarrow{\cdot OH} H_2SO_4 \tag{4-12-3}$$

NO_x 氧化和硝酸形成

$$NO \xrightarrow{O \cdot} NO_2 \xrightarrow{\cdot OH} HNO_3 \tag{4-12-4}$$

$$NO \xrightarrow{HO_2 \cdot} NO_2 \xrightarrow{\cdot OH} HNO_3 \tag{4-12-5}$$

$$NO_2 \xrightarrow{\cdot OH} HNO_3 \tag{4-12-6}$$

S 酸与氨生成硫酸铵和硝酸铵

$$H_2SO_4 + 2NH_3 \longrightarrow (NH_4)_2SO_4 \tag{4-12-7}$$

$$HNO_3 + NH_3 \longrightarrow NH_4NO_3 \tag{4-12-8}$$

形成的副产物 $(NH_4)_2SO_4$ 和 NH_4NO_3 收集于收集器中。

影响脱硫脱氮效率的主要因素为脉冲电压峰值、脉冲重复频率、脉冲平均功率、反应器进口烟气温度、烟气流速、氨的化学计量比、反应器进口烟气中 SO_2 和 NO_x 的体积分数及烟气相对湿度。

三、实验仪器与设备

1. 试剂

SO_2，99.9%；NO，99.9%；NH_3，99.9%。

2. 仪器

空压机，1台；SO_2 气瓶，1个；NO 气瓶，1个；NH_3 罐，1个；缓冲罐，2个；流量计，3个；等离子体反应器，1台；高压脉冲电源系统，1套；副产物收集器，1台；红外气体吸收仪，1台。

3. 实验装置

脉冲电晕等离子体烟气脱除 SO_2 和 NO_x 实验装置如图 4-12-1，先由三个部分组成。①配气部分：空压机、缓冲罐、流量计、混合气缓冲罐。气体经流量计计量后分成两股，一股进入混合气缓冲罐，与来自气瓶的 SO_2 和 NO_x 气体混合；另一股不经混合气缓冲罐直接通过，混合气浓度通过调节两股气的流量比例来控制。②脉冲电晕反应器：反应器设计为线-板结构，由两组放电室组成，分别用两组脉冲电源供电；极板和电晕线采用不锈钢，外加保温层。反应器主要技术指标：烟气处理量 120~200m³/h，运行温度 65℃~80℃，烟气停留时间 6s，静态电容约 10nF×2。③高压脉冲电源：设计最大输出功率 200kW，最高电压 150kV，最大电流 4kA，脉冲宽度 600~700ns，最大重复频率 700Hz。

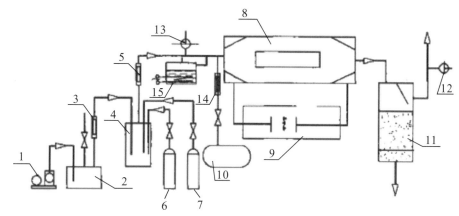

1—空压机；2—缓冲罐；3，5，14—流量计；4—混合气缓冲罐；6—SO₂气瓶；

7—NO气瓶；8—等离子体反应器；9—高压脉冲电源；10—NH₃罐；

11—副产物收集器；12，13—取样阀；15—蒸汽发生器

图 4－12－1 脉冲电晕等离子体烟气脱除 SO₂ 和 NOₓ 实验装置

四、实验方法与步骤

（1）对工艺管线（包括模拟烟气的管道、混合气和氨气管线等）、阀和接头等进行检查和调试。

（2）将高压脉冲电源系统、反应器和副产物收集器调试到最佳状态，并观察电晕放电的特性参数是否达到实验要求。

（3）开启空压机，开启 SO₂ 气瓶和 NO 气瓶，调节流量，总流量为 120L/h，使混合气中 SO₂ 和 NO 的含量为 1000mg/m³ 和 200mg/m³。

（4）启动蒸汽发生器，向系统输送蒸汽，使混合气相对湿度达到 80%。开启 NH₃ 罐，调节其流量，使其浓度达到 2200mg/m³。

（5）接通脉冲电源和反应器的连接，用兆欧表检查反应器的绝缘状况，测试基本烟气参数，开始记录工艺参数。

（6）对应数据记录表，进行单因素实验，调节一参数值，测试基本烟气参数，记录工艺参数。将各单因素实验测得的数据记录于各表中。

（7）进、出口 NO、SO₂ 浓度采用红外吸收仪分析。

五、实验数据整理

1. 脱除效率

$$\eta = \left(1 - \frac{C_2}{C_1}\right) \times 100\%$$（4－12－9）

式中，C_1 为反应器入口处气体中 SO₂ 或 NO 浓度，mg/m³；C_2 为反应器出口处气体中 SO₂ 或 NO 浓度，mg/m³。

2. 峰值电压对 SO_2、NO 脱除率的影响

数据记录于表 4-12-1 中。

表 4-12-1 峰值电压对 SO_2、NO_x 脱除率的影响结果表

烟气流量：_____ L/h；烟气温度：_____ ℃；烟气相对湿度：_____%；

NH_3 化学计量比：__1.0__；重复频率：__400Hz__

峰值电压（kV）	90	100	110	115	120	125
SO_2 脱除率（%）						
NO 脱除率（%）						

3. 重复频率对 SO_2、NO 脱除率的影响

数据记录于表 4-12-2 中。

表 4-12-2 重复频率对 SO_2、NO 脱除率的影响结果表

烟气流量：_____ L/h；烟气温度：_____ ℃；烟气相对湿度：_____%；

NH_3 化学计量比：__1.0__；电压峰值：__120kV__

重复频率（Hz）	1Q0	200	300	400	500	600
SO_2 脱除率（%）						
NO 脱除率（%）						

4. NH_3 的化学计量比对 SO_2、NO 脱除率的影响

数据记录于表 4-12-3 中。

表 4-12-3 NH_3 的化学计量比对 SO_2、NO 脱除率的影响结果表

烟气流量：_____ L/h；烟气温度：_____ ℃；

电压峰值：_____ kV；烟气相对湿度：_____80%；重复频率：__400Hz__

NH_3 化学计量比	0.6	0.7	0.8	1.0	1.1
SO_2 脱除率（%）					
NO 脱除率（%）					

5. 烟气相对湿度对 SO_2、NO 脱除率的影响

数据记录于表 4-12-4 中。

表 4-12-4 烟气相对湿度对 SO_2、NO 脱除率的影响结果表

烟气流量：_____ m^3/h；烟气温度：_____ ℃；NH_3 化学计量比：__1.0__；

电压峰值：_____ kV；重复频率：_____ Hz

烟气相对湿度（%）	50	60	70	80	90
SO_2 脱除率（%）					
NO 脱除率（%）					

6．SO_2 浓度对 SO_2、NO 脱除率的影响

数据记录于表 4—12—5 中。

表 4—12—5　SO_2 浓度对 SO_2、NO 脱除率的影响结果表

烟气流量：_____ m^3/h_r；烟气温度：_____ ℃；NH_3 化学计量比：__1.0__；

电压峰值：_____ kV；重复频率：_____ Hz

SO_2 浓度（mg/m^3）	500	1000	1500	2000	2500
SO_2 脱除率（%）					
NO 脱除率（%）					

7．NO 浓度对 SO_2、NO 脱除率的影响

数据记录于表 4—12—6 中。

表 4—12—6　NO 浓度对 SO_2、NO 脱除率的影响结果表

烟气流量：_____ m^3/h；烟气温度：_____ ℃；NH_3 化学计量比：__1.0__；

电压峰值：_____ kV；重复频率：_____ Hz

NO 浓度（mg/m^3）	100	200	250	300	350
SO_2 脱除率（%）					
NO 脱除率（%）					

六、实验结果与思考

（1）脉冲电晕等离子体法利用什么机制去除烟气中的 SO_2 和 NO_x？

（2）试分析实验数据，讨论电压峰值和重复频率对 SO_2、NO_x 脱除率产生什么影响。

（3）NH_3 化学计量比和烟气相对湿度是如何影响 SO_2、NO_x 脱除率的？

（4）烟气浓度对 SO_2、NO_x 脱除率产生怎样的影响？

（5）从实验结果可以得出哪些结论？

（6）实验中还可以考虑哪些影响 SO_2、NO_x 脱除率的因素？

第五章 课程应用实例

案例1 火电行业

某电厂 YEH 型电除尘器治理 1 号炉烟尘

一、工程简介

某电厂的 1 号炉为额定蒸发量 300t/h 固态排渣煤粉炉，煤粉制备采用球磨机。该电厂燃用附近煤矿的混合煤，因此燃煤含硫量和灰分波动很大。

二、废气性质

飞灰比电阻在实验室 140℃ 条件下，用圆盘法测定为 $(4.11 \sim 7.7) \times 10^{12} \Omega \cdot cm$。飞灰的粒度分析见表 5−1−1，飞灰的化学成分分析见表 5−1−2。

表 5−1−1 飞灰的粒度分析

粒度（μm）	质量分数（%）	粒度（μm）	质量分数（%）	粒度（μm）	质量分数（%）
<3	6.2	10~20	23.8	>40	22.2
3~5	7.7	20~30	13.6	$d_{50}/\mu m$	17.0
5~10	18.5	30~40	8.4	$d_{平均}/\mu m$	20.64

表 5−1−2 飞灰的化学成分分析

成分	质量分数（%）	成分	质量分数（%）	成分	质量分数（%）
SiO_2	53.12	MgO	0.54	MnO	0.03
Al_2O_3	33.70	SO_3	0.37	P_2O_3	0.38
Fe_2O_3	5.34	K_2O	0.14	TiO_2	1.06
CaO	3.96	Na_2O	0.20		

三、废气治理工艺流程

1号炉烟气除尘原配3台SHWB-40型电除尘器，投运不久后，星形电晕线频繁断线，其他故障也接连发生，除尘效率仅为76.76%，这也导致引风机磨损严重，常迫使锅炉停运以焊补引风机，所以决定对此进行改造。

四、除尘器主要设计参数

SHWB-40型电除尘器主要设计参数见表5-1-3。

表5-1-3　SHWB-40型电除尘器主要设计参数

项目		参数
处理烟气量（m³/h）		435000～549000
烟气温度（℃）		140
每台锅炉配电除尘器台数（台）		3
每台电除尘器通流截面面积（m²）		40
设计电场风速（m/s）		1.00～1.25
电场个数		2
同极距（mm）		300
每个电场内通道数		22
电场长度	单电场（m）	3.6
	总长（m）	7.2
集尘极	极板形式	Z形集尘极板，宽385mm，高6.5m
	极板面积	单台电除尘器1982m²，总面积5946m²
	振打系统	侧传动水平转轴挠臂锤切向振打
放电极	电晕线形式	一电场为管状芒刺线，二电场为星形线
	振打系统	提升脱钩振打
高压供电装置		额定输出电压72kV，额定输出电流0.7A，共6套

改造的主要内容有：①放电极改用鱼骨线配合辅助电极；②在每台电除尘器出口加装两排横置槽板；③改善气流分布均匀性；④改善高压硅整流设备的控制特性；⑤校正Z形集尘极板，并调整异极距；⑥将放电极提升脱钩振打方式改为摆动锤切向振打方式；⑦改进集尘极振打系统，将老式的轴承座改为叉式轴承座。

五、除尘器的结构及主要特点

图 5-1-1 为 1 号炉电除尘器总体布置图，图 5-1-2 为改造前后电场内电极布置图。改造后的除尘器为 YEH 型电除尘器，即鱼骨线辅助电极横置槽板电除尘器。该除尘器的主要特点有以下几个方面。

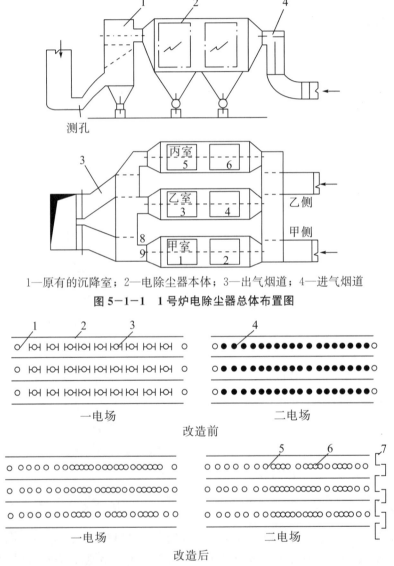

1—原有的沉降室；2—电除尘器本体；3—出气烟道；4—进气烟道

图 5-1-1　1 号炉电除尘器总体布置图

1—放电极框架；2—集尘极板；3—管状芒刺线；4—星形线；5—鱼骨线；6—辅助电极；7—槽板

图 5-1-2　改造前后电场内电极布置图

（1）鱼骨线辅助电极有良好的除尘作用。通过多次检查，当放电极振打正常时，鱼骨线黏灰很少，虽然鱼骨针上堆积了厚 1~2mm 的灰尘，但是针尖上仍然清洁。偶尔发现针尖上有少量很细的絮状"灰针"。通常情况下，辅助电极上的黏灰与相对应的集尘极板上的积灰厚度相近，厚1~2mm。当放电极振打失灵且长期没有振打时，鱼骨线上黏灰很多，针与针之间的积灰将会连成片，管束表面积灰可达8~10mm。这说明鱼骨线辅助电极的除尘作用良好。

（2）横置槽板发挥了捕集二次扬尘的作用。当正常振打时，槽板上黏灰厚度约为1mm；当振打失灵时，黏灰厚度可达6~8mm。采集电除尘器内的积灰并测定其粒径分布，结果表明：一电场的积灰最粗，其出口侧集尘极板积灰平均粒径为$18.19\mu m$；二电场集尘极板入口侧与出口侧平均粒径分别为$12.49\mu m$和$10.72\mu m$。然而，二电场的出口槽板积灰的平均粒径为$15.56\mu m$，大于二电场的入口侧与出口侧平均粒径，这表明槽板的确有捕集二次扬尘的作用。将图5-1-3中的曲线1与曲线5进行比较，也可以看出这一点。

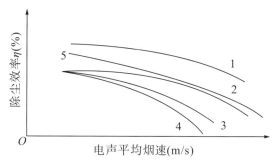

1—YFH 型电除尘器；2—横置槽板锯齿线电除尘器；3—横置槽板管状芒刺线电除尘器；

4—横置槽板星形线电除尘器；5—鱼骨线辅助电极（不带横置槽板）电除尘器

图 5-1-3　不同放电极结构时的电除尘器的除尘效率对比

（3）设备耗钢量以及造价。

电除尘器改造设备及调试费用为38.6万元，安装费用为0.8万元，合计14.4万元；耗钢材50t。

六、主要技术性能

1. 气流分布均匀性

根据气流分布均匀性能测试结果（表5-1-4）可以看出，全部达到"合格"水平。

表 5-1-4　气流分布均匀性能测试结果

项目	甲室	乙室	丙室
烟量分配偏差（%）	+3.7	-3.7	0.0
气流分布相对标准偏差 σ	0.16	0.25	0.19

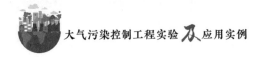

2. 漏风率

减小漏风率的措施有：①焊补集尘极振打轴穿墙孔处的墙板；②更换入孔门石棉绳；③堵塞除尘器顶部四周和进、出口烟道法兰处漏风。可将漏风率由改造前的12.8％下降到10.2％～10.67％。

3. 压力损失

除尘器总压力损失包括原有的前置沉降室及烟道的损失，当电场风速为1.23m/s时，总压力损失为840Pa，比改造前的928Pa下降了9.5％。

4. 除尘效率

在累计运行13100h后，进行联合考核试验。当电场风速为1.12～1.19m/s时，在连续振打条件下，除尘效率为98.40％～98.68％；在定期振打条件下，除尘效率为99.05％～99.20％。

在电场风速为1.12m/s且燃煤含硫量为1.05％时，用冲击式粒度仪在电除尘器进出口烟道中测量粉尘粒径，结果如图5-1-4所示。

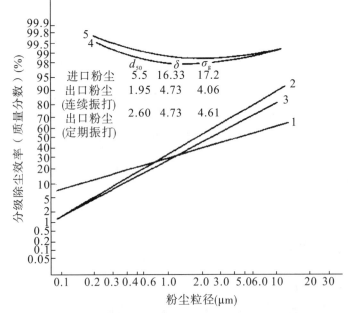

1—进口粉尘；2—连续振打时的出口粉尘；3—定期振打时的出口粉尘；
4—连续振打时的分级除尘效率；5—定期振打时的分级除尘效率

图5-1-4 除尘器进出口的粉尘粒径及其分级除尘效率

测试结果表明，当粉尘粒径为1～2μm时，分级除尘效率最低。连续振打时最低的分级除尘效率为97.5％，定期振打时最低的分级除尘效率为98.2％。由此可见，YFH型电除尘器捕集微尘的效率相当高。

七、运行情况、经验及存在的问题

1. 运行情况

对除尘器进行改造并经调整试验后，在电场风速为 1.04m/s 时，丙室有一个电场未投入使用的情况下，测得除尘效率为 97.71%。由于开始缺乏经验，在设计、制造、安装和维护方面都存在一些缺陷。消除了这些缺陷后，电除尘器一次连续运行超过 3360h。

2. 经验

1 号炉电除尘器改造前，曾对几种改造方案进行了认真的比较分析。若采用增加电场的方案，由于锅炉和除尘器之间位置狭窄，要拆除旧沉降室及其地下基础困难较大，且施工期长，初步估算需投资 107 万元，耗钢 177t 以上，施工期约为 10 个月。若采用横置槽板鱼骨线辅助电极电除尘器方案，则需设备与调试费 38.6 万元，安装费 0.8 万元，耗钢 50t，工期 2.5 个月（实际 2 个月）。这样，比加电场方案节省资金 60 多万元，降低耗钢 120 多吨，工期缩短 8 个月。因此，对改造方案进行全面的技术、经济分析与论证是十分必要的。

2. 存在的问题

①漏风率大；②原电除尘器高压硅整流设备二次电流选择偏大，板电流密度大，不利于捕集高比电阻粉尘，但因为受资金所限，未能一起改造；③振打机构还需要进一步改进完善，以提高运行可靠性。

八、治理效果

1. 经济效益

（1）改造前一个大修中，因除尘效率低，引风机磨损严重，曾焊补过 20 次，其中被迫停炉 6 次，经济损失达 14.5 万元。改造后第一个大修中，引风机只焊补过 3 次，加上防磨护瓦等费用，共 0.4 万元，减少了经济损失 14.1 万元。

（2）由于改造后避免了停炉焊补风机叶片现象，两年中至少多发电 2800kW·h。

（3）改造后压力损失降低，漏风减少，2 台引风机运行电流由原来的 87.9A 降至 78~80A，节省了电能。

2. 环境效益

改造前 1 号炉烟尘排放量为 2103.8kg/h，改造后降至 83.7~119.5kg/h，减少了对大气的污染。

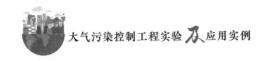
案例 2　水泥行业

某水泥厂采用电除尘器治理立筒预热器窑窑尾废气

一、生产品种与规模

三台 $\phi 2.9 \times 10m$ 塔式机立窑，平均每台时产量 10.5t，年产熟料 20 万吨。熟料质量在 $450^{\#} \sim 550^{\#}$，年产 $325^{\#}$ 硅酸盐矿渣水泥 30 万吨。

新生产线设计能力为 720t/d，年设计能力为 25 万吨的 $425^{\#}$ 矿渣硅酸盐水泥。新老生产线总设计能力为 55 万吨水泥。

二、生产工艺及主要污染源

该厂采用石灰石、黏土、铁粉、萤石等高铁配料作为主要原料，燃料采用无烟煤。这些原料、燃料大部分要经过破碎、烘干筛分及储存，经输送计量混合入磨粉，磨成全黑生料，然后通过输送搅拌、加水成球由皮带送入窑内煅烧。物料在窑内由上向下缓慢移动，最后由三道闸门连续卸出。熟料经破碎后由链斗输送机输入吊车库，熟料、石膏、矿渣经磨头仓磨料设备喂入磨内，水泥经过选粉机后，合格的输入成品库（不合格的返回磨内），再经筛分包装或汽车散装出厂。

主要污染源有 3 # 立窑，$\phi 1.9 \times 12m$、$\phi 2.2 \times 8m$ 两台烘干机，兼烘干煤、铁粉、砂岩、黏土等，还有 $\phi 2.4 \times 10m$ 生料磨及搅拌库。

三、废气类别、性质及处理量

废气包括立窑水泥熟料粉尘气体，干法窑、熟料、冷却机、生料磨、黏土烘干机、煤磨及电厂锅炉和钢厂高炉等排放的含尘烟气。

立窑烟气温度低、湿度大，并含有大量 SO_3 等酸性氧化物，因此，产生结露后容易造成设备的严重腐蚀。由于覆盖湿料层厚度不同，窑面烟气的温度、湿度及结露、腐蚀的程序也就不同，其程序按照明火、浅暗火、暗火及深暗火煅烧方法依次加重。目前，国内绝大多数立窑为暗火或浅暗火操作，烟气结露腐蚀比较轻微。

该厂的三台 $\phi 2.9 \times 10m$ 塔式机立窑的烟气性质以浅暗火煅烧为主，其立窑烟气性质见表 5-2-1。立窑煅烧熟料产生的原始烟气量小，CO 含量高，具有燃爆的危险。尤其是采用闭门操作时，窑面漏风小，CO 浓度相对较高，所以比开门操作的燃爆危险性要大。

表 5－2－1 某水泥厂立窑烟气性质

项目	参数	项目	参数
立窑规格	$\phi 2.9 \times 10m$	水蒸气含量	14.57％
立窑熟料产量	8.23t/h	窑面 CO 含量	6.43％
总烟气量（标准状况）	2.936m³/kg 熟料	烟气 CO 含量	3.94％
原始烟气量（标准状况）	1.75m³/kg 熟料	窑面烟气氧含量	2.13％
漏风量（标准状况）	1.143m³/kg 熟料	烟气氧含量	11.12％
窑面烟气温度平均烟气温度	135.5℃ 90℃	烟气粉尘浓度（标准状况）	1.44g/m³

立窑烟气的含尘浓度低、颗粒粗、腐蚀性强，还有微细粉尘。其粉尘粒径分布见表5－2－2。

表 5－2－2 某厂立窑烟气中的粉尘粒径分布

粉尘粒径（μm）	体积占比（％）	粉尘粒径（μm）	体积占比（％）
＜10	10.6	＜100	8.89
＜25	15.8	＜250	20.21
＜50	30.5	平均值	38.91
＜75	14.1		

当开门操作时，烟气性质不稳定，导致各种干式除尘器不能正常运行，烟气性质变化频繁、幅度大，1♯和2♯烟温曲线分别如图5－2－1和图5－2－2所示。因此，烟气性质很不稳定，使一般除尘器很难满足这种烟气性质的除尘要求。

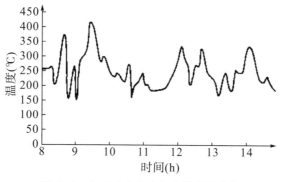

图 5－2－1 1♯立窑电除尘器烟温曲线

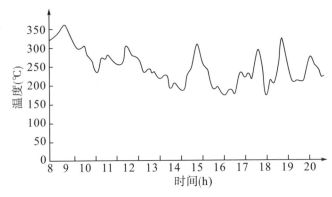

图 5-2-2 2♯立窑电除尘器烟温曲线

当烟气温度为 150℃~250℃时，湿度较小，粉尘比电阻较高，相反在烟气温度低于 80℃时，粉尘比电阻值也较高。如图 5-2-3 所示，这样导致各类干式除尘器的除尘效率明显降低。

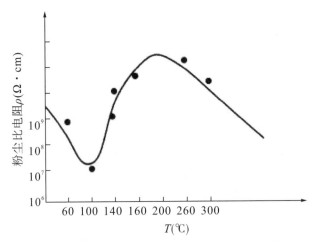

图 5-2-3 立窑粉尘比电阻实测曲线

由前面分析可知，立窑烟气具有电厂锅炉、钢厂高炉及煤磨烟气的某些性质，还具有冷却机、干法窑、生料磨、烘干机烟气的某些性质，且存在低温结露腐蚀和易燃爆的问题，所以在投资较少的条件下，解决除尘问题显得更加困难。

四、处理工艺流程及操作条件

1. 工艺流程

工艺流程如图 5-2-4 所示。

2. 操作条件

(1) 关闭 50％以上窑门或轮流开一个窑门进行操作。

(2) 最好采用浅暗火煅烧熟料，允许其他方式或混合方式煅烧。

(3) 负压控制及调节喷雾增湿降温装置，二次电压及电流均设在控制室内。由操作人员根据窑罩负压、烟气温度、二次电压、电流的变化，手动或自动开启 1～3 个喷嘴，电动蝶阀开度及调节高压控制柜，使烟气温度控制在 90℃～120℃，负压最小，喷雾适量，二次电压、电流稳定，除尘效率高。

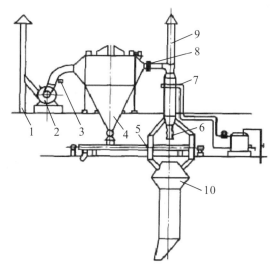

1—烟囱；2—引风机；3—蝶阀；4—静电除尘器；5—螺旋输送机；6—回转下料器；
7—烟气调质装置；8—伸缩节；9—旁烟囱；10—立窑
图 5－2－4　立窑静电除尘器工艺流程

五、主要构筑物和设备

立窑静电除尘器结构如图 5－2－5 所示。

1. 外观特性

（1）在矩形箱体顶部有 4 个小房式泄压阀，一方面可防止 CO 等可燃性气体燃爆，避免发生破坏性的损失；另一方面为检修两极提供了方便。

（2）进出箱体端有进、出气喇叭口，内装电动蝶阀，进气喇叭口接管处装有伸缩节和烟气调制装置。

（3）箱体两侧带有检修门。

（4）箱体底部有单灰斗和安全回转下料器。

（5）箱体由两侧固定支座和三个活动支座支撑，顶部装有电加热器、恒温控制器、绝缘保温箱各 4 个，以及一个进线保温箱，还设有入孔门。箱体两侧装有两极辅助极和气体均风板、机械振打清灰传动装置和爬梯等。

2．内部结构特点

（1）V_{15} 形芒刺防腐放电极，使放电清灰性能明显提高，耗电低。

（2）采用"C"形或"W"形耐腐蚀除尘极板，与 V_{15} 形或 RS 形芒刺线组成宽间距、高压、直流、不均匀的单室、单电场。这样不仅提高了除尘性能，而且大幅度地降低了静电除尘器的体积、质量、电耗及投资。

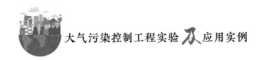

（3）装有防腐除尘辅助极，可防止荷电粉尘被带出电场，进一步提高了收尘效率。

（4）在烟气入口设有导流、气流分布和挡风阻留等装置，使烟气均匀通过电场。

（5）在泄压阀内部设有足够爆破面积的泄压阀，保证安全。

由上面叙述，立窑静电除尘器是比较理想的除尘设备。

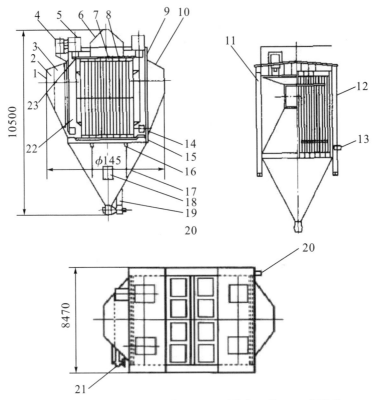

1—进气喇叭口；2—导流板；3—气流分布板；4—进线保温箱；5—保温箱；6—泄压阀；

7—收尘极；8—放电极；9—辅助收尘极；10—出气喇叭口；11—活动支座柱子；

12—放电极振打传动；13—收尘极振打传动；14—检修门；15—走台；16—阻流板；

17—灰斗；18—检修门；19—下灰装置及传动；20—辅助收尘极清灰装置；

21—分布板振打装置；22—壳体；23—挡风板

图5-2-5　立窑静电除尘器结构（单位：mm）

六、治理效率及结果

1♯、2♯立窑除尘系统的除尘效率分别为98.5%和99%，烟气量为4.06m³/kg熟料（标准状况），略高于3.5m³/kg熟料（标准状况）的烟气量。

除尘器出口粉尘排放浓度均小于150mg/m³（标准状况），每小时每台除尘器的排放量为5kg。

七、工程运行说明及主要技术经济指标

1. 工程运行说明

除尘系统自正式投入使用，空负荷试车，二次电压为 $60\sim80$kV，二次电流为 $200\sim300$mA，输入功率为 13.2kW，已满足要求。其他系统运行正常，都达到了设计要求。

负荷试车后，操作电压稳定 $50\sim65$kV，二次电流 $60\sim100$mA。当立窑产量为 $9\sim10.5$t/h，熟料质量在 $500^{\#}$ 以上时，蝶阀开度为 $70°\sim75°$，喷雾增湿根据烟气需要，手动电控 $1\sim3$ 个喷嘴对烟气增湿，使烟气温度维持在 $90℃\sim120℃$，有效地防止结露。烟囱由黄烟变成白烟或无烟。经监测，静电除尘器出口粉尘排放浓度小于 150mg/m³（标准状况），系统除尘效率在 98.5% 以上。

2. 主要技术经济指标

静电除尘器的主要技术经济指标见表 $5-2-3$。

表 $5-2-3$　静电除尘器的主要技术经济指标

水泥厂立窑	$2^{\#}$立窑	$3^{\#}$立窑
立窑规格（m）	$\phi2.9\times10$m	$\phi2.9\times10$m
电除尘器形式	单室单电场板卧式	双电场管栅极卧式
电除尘器规格（m²）	30	15
处理烟气量(m³/h)	60000	57600
除尘效率（%）	99	99
电场风速(m/s)	0.55	1.056
粉尘驱进速度(cm/s)	$12\sim14$	9.15
设计/(比收尘面积－A/Q)(s/m)	36.24	42.75
收尘极板面积（m²）	604	684
除尘器重量(t/m²)	1.581	3.2
极板电耗(kV·A/m²)	0.00187	0.00292
除尘器投资 A（万元/m²）	0.7906	1.14
除尘器总投资（八万元/台）	23.845	45
达标状况	经常达标	开始达标，常不达标
使用寿命（a）	壳体 20，极板 5	壳体 20，管 3

注：投资额是按当时条件计。

在相同的处理烟气量及除尘效率时，该除尘器比国内同类产品的投资降低了 37.5%$\sim$50%，电耗下降 50% 以上，比国外引进同样产品的投资降低 250%$\sim$350%，质量轻 60%，电耗下降 34.8%，比立窑用袋式除尘器的质量轻 34%，投资低 21.9%，电耗相当。实践证明，此除尘器是行之有效、安全可靠的。

在社会效益方面，该产品每天每台回收 8.5t 生料，按生料成本计，每台每年取得

效益 12.5 万元，两台共 25 万元，两年就可回收全部投资，同时也有效地防止了粉尘对环境的污染，改善工作环境，取得明显的环境效益、经济效益和社会效益。

八、工程特点、经验教训和建议

1. 工程特点

开门立窑烟气有其特殊性，在投资很少的情况下，解决如此复杂的立窑烟气除尘是十分困难的，需要采用特殊、有效、简单的除尘方法才能解决。

在开门立窑除尘上有不少问题，如立窑顶上放引风机会引起震动，并会影响立窑操作。此外，还需对立窑烟气进行喷雾处理，以控制冷风，防止结露腐蚀及燃爆等。

工程投资较多，施工条件差，总工程投资高达 140 万元。其中两台除尘器 50 万元，调制装置 5 万元，安装费 11 万元，其他均为土建和电控设备投资。人工拆除土石方500 多立方米，制作钢结构 50 多吨，土建拆除及施工总投资近 40 万元。

2. 经验教训和建议

生产实践证明，一般手动电控就可以满足操作要求，而且容易掌握和控制。该系统的自动化控制较多，使投资提高，维修困难大，运转率反而不高。

该系统为开窑门操作立窑的除尘找到了符合国情、切实可行、经济合理、先进的立窑静电除尘器及系统，可适用于各种操作条件下的立窑除尘，

有条件的立窑厂应该选用这种立窑除尘器及除尘系统，2~3 年就可收回全部投资；要防止立窑粉尘的污染，改变窑面作业环境；有利于立窑产量和质量的提高；实现安全文明生产，在环境、经济、社会效益方面均有利无弊。

案例 3　有色金属行业

有色工业粉尘治理

一、工程概况

某液压机电公司是国内大型液压件专业生产企业之一，始建于 1967 年。公司拥有从德国、美国、日本、瑞士进口的数控车削中心、加工中心、高精度磨床、高精度三坐标测量机和计算机辅助试验装置等加工和检测设备 600 余台，设有理化、计量、计算机中心和液压研究所。具有泵、缸、阀、液压系统生产能力和铸造、锻造、热处理、表面处理工艺手段。公司在生产过程中，在炼铁、有色金属冶炼、磨砂等生产工段会产生粉尘，对周边环境造成一定程度的污染。

公司拥有炼铁中频炉 4 台，其中，1t/炉 2 台，500kg/炉 2 台，均为 1 用 1 备；炼

铜炉 2 台，规模为 200~250kg/炉 2 台，1 用 1 备；炼铝炉 2 台，180kg/炉 2 台，1 用 1 备，另配备抛丸喷砂系统 1 套。目前对炼铁、炼铝、炼铜均未作处理，其产生的粉尘对周边环境造成一定程度的污染，需要进行粉尘治理；对喷砂室粉尘进行除尘系统治理，采用机械振打袋式除尘器，但是处理效果并不理想，需要进行技术改造。

二、设计范围

本方案按照炼铁炉单独 1 套粉尘处理系统，炼铝、炼铜共用 1 套处理系统，喷砂室在原有粉尘处理系统上进行改造，增加旋风除尘，更换大功率风机，以满足粉尘治理需要。

三、设计原则与要求

（1）认真贯彻国家关于环境保护的方针和政策，使设计符合国家的有关法规、规范。经处理后排放的粉尘符合国家和地方的有关排放标准和规定。

（2）采用先进、可靠的自动化控制技术，使废气能够完成自动处理。

（3）工艺流程先进、简洁、可靠，便于操作管理。

（4）罐类和箱类设备选用耐温耐腐材料。

（5）对所有与粉尘接触的管道、风机做防腐处理。

四、设计参数与指标

1. 设计规模

炼铁炉 1t/炉 2 台，1 用 1 备，每台设计最大小时风量为 12000m³/h；炼铁炉 500kg/炉 2 台，1 用 1 备，每台设计最大小时风量为 6000m³/h；炼铜炉 250kg/炉 2 台，1 用 1 备，每台设计最大小时风量为 4500m³/h；炼铝炉 180kg/炉 2 台，1 用 1 备，每台设计最大小时风量为 3000m³/h。喷砂室粉尘设计小时最大处理风量为 5000m³/h。

2. 排放标准

本工程设计污染物排放指标执行《大气污染物综合排放标准》（GB 16297—1996），结合甲方提供的资料，治理后排放指标见表 5-3-1。

表 5-3-1　排放指标

污染源	污染因子	排放口数量	浓度治理前（mg/m³）	最高允许排放浓度（mg/m³）	备注
炼铁炉	粉尘	4	1000	50	有组织排放
炼铝炉	粉尘	2	1000	50	有组织排放
炼铜炉	粉尘	2	1000	50	有组织排放
喷砂室	粉尘	1	1500	50	有组织排放

五、方案选择

本工程粉尘处理系统主要为粉尘处理，其主要污染因子为炼铁、炼铝、炼铜等产生的粉尘污染物，以及抛丸工艺产生的喷砂等粉尘污染物。粉尘处理方式有很多，如喷淋法、静电除尘法、布袋除尘法等。喷淋法适用于烟尘的处理和含有机废气的处理，其产物可溶于喷淋介质，并形成沉淀以便清除；静电除尘法处理效果好，运行稳定，但是一次性投资高，适用于大型粉尘污染的处理；布袋除尘法能够回收粉尘，处理效果好，运行操作简单方便，比较适合中小型粉尘污染的治理。

根据粉尘排放特点，不考虑采用不能回收利用有色金属粉尘的喷淋法，同时静电除尘法因为设备一次性投资较高，也不采用。仅对旋风除尘法、布袋除尘法两种处理工艺路线进行经济技术分析，选择最合理、节省的一种工艺，在此基础上进行设计，以达到最佳设计处理效果。

方案一，将炼铁炉、炼铜炉、炼铝炉三种金属冶炼炉粉尘进行集中处理，通过旋风除尘器处理后，通过烟囱达标排放。

方案二，将三种金属冶炼炉粉尘分为两类。其中，炼铁炉粉尘单独进行布袋除尘处理后达标排放；有色金属冶炼（炼铝炉、炼铜炉）粉尘集中进行布袋除尘处理后达标排放；喷砂室粉尘原有一套系统进行优化改造，使粉尘达到排放标准后外排。

方案三，将三种金属冶炼炉粉尘全部集中，通过布袋除尘器处理后排放，喷砂室粉尘进行优化改造后达标排放。

三种废气治理方案分析见表5-3-2。

表5-3-2　废气治理方案分析

序号	方案一 （旋风除尘法）	方案二 （布袋除尘法，分散治理）	方案三 （集中治理）
能耗	电耗较少	能耗较高*	能耗高
操作	操作方便	操作较方便	操作较方便
占地	少	较少	较少
安装	管道简单	管道较简单	管道较简单
投资	小	较小*	高
处理效果	差，不能稳定达标	稳定达标*	稳定达标
回收利用	利用率低	利用率高*	利用率低
建议	推荐采用方案二		

注：带"*"为重要控制因素。

对有色金属冶炼（炼铜、炼铝）生产中产生的粉尘回收后外卖。因此，工艺的选择非常重要，在对其可行性、经济方面进行综合比选后确定采用布袋除尘法。布袋除尘法具有投资少、工艺简单、操作简便等优点。

六、有色工业粉尘治理设计方案

1. 工艺流程

图 5-3-1 为有色工业粉尘治理工艺流程。粉尘通过吸风口和吸风罩吸入粉尘处理管道，然后进入脉冲布袋除尘器，经布袋除尘器除尘后的净气体被引风机通过排风管排入大气。

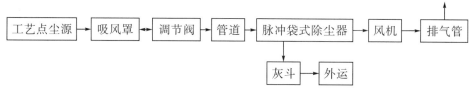

图 5-3-1 有色工业粉尘治理工艺流程

2. 工艺设计

（1）炼铁炉粉尘处理系统：炼铁炉 1t/炉有 2 台，500kg/炉 2 台，均为 1 用 1 备，且同时使用，设计最大处理风量为 18000m³/h，考虑采用风罩为活动式，用于对备用炉的粉尘治理。

罩口设计较炉体大，罩口风速设计为 2m/s，以便吸入炼铁炉周边空气，对吸附的高温含尘气体进行降温。

引风机：型号 4-68NO6.3C，全压为 1971Pa，$Q=18879$m³/h，$R=2000$r/min，$N=15$kW。数量：1 台。

脉冲振打布袋除尘器：型号 MC-6，$Q=20000$m³/h，阻力损失为 1500Pa。数量：1 台。

材质：碳钢。

（2）炼铜、炼铝炉粉尘处理系统：炼铜炉 250kg/炉 2 台，1 用 1 备；炼铝炉 180kg/炉 2 台，1 用 1 备，设计最大处理风量为 7500m³/h，考虑采用炼铜炉风罩为活动式，用于对备用炉的粉尘治理，同时为了不影响设备操作，炼铝炉吸尘罩为固定式。脉冲振打需用的空压机与炼铁炉粉尘处理系统共用。

罩口设计较炉体大，罩口风速设计为 2m/s，以便吸入炼铁炉周边空气，对吸附的高温含尘气体进行降温。

引风机：型号 4-68NO6.0C，全压为 1808Pa，$Q=9180$m³/h，$R=1600$r/min，$N=7.5$kW。数量：1 台。

脉冲振打布袋除尘器：型号 MC-4，$Q=8000$m³/h，阻力损失为 1500Pa。数量：1 台。

材质：碳钢。

（3）喷砂室整改工程：喷砂室原有粉尘处理系统 1 套，设计最大处理风量为 3000m³/h，目前效果不理想，其喷砂室粉尘有泄漏现象。根据分析，其风机选型较小，而且袋式除尘器负荷太重，造成阻力损失大，影响风机效率。因此，本工程整改考虑在袋式除尘前安装旋风除尘设备，降低布袋除尘器处理负荷，减少阻力损失，同时更换大功率风机，保证风压能够满足处理要求。

原有喷砂室吸气口较小，在整改过程中考虑对喷砂室缝隙的处理，同时增开进气口，保证进气口风速在一定范围。机械振打布袋除尘器保留原有。

旋风除尘器：型号 XLP-600，处理风量为 $5000m^3/h$。

材质：碳钢。

引风机：型号 4-68NO4.5A，全压为 2657Pa，$Q=5790m^3/h$，$R=2900r/min$，$N=7.5kW$。

数量：1台。

粉尘处理系统主要设备材料清单见表5-3-3。

表5-3-3 粉尘处理系统主要设备材料清单

序号	名称	型号规格	单位	数量	备注
一	炼铁炉粉尘处理系统				
1	吸尘罩	$\phi1500$	个	1	
2	吸尘罩	$\phi1200$	个	1	
3	活动接口	$\phi450$	个	1	
4	活动接口	$\phi320$	个	1	
5	风向阀	$\phi450$	个	1	
6	风向阀	$\phi320$	个	1	
7	吸气支管	$\phi450$	m	6	
8	吸气支管	$\phi320$	m	6	
9	吸气主管	$\phi550$	m	30	
10	引风机	4-68NO6.3C	台	1	
11	脉冲振打布袋除尘器	MC-6	台	1	含振打装置
12	阀门管件		套	1	
J3	支撑架		套	1	
14	监测楼梯及平台		套	1	
15	设备基础		套	2	
16	风机隔声室		间	1	
17	电控装置		套	1	
18	烟囱	$\phi600$	m	15	
二	炼铜、炼铝粉尘处理系统				
1	吸尘罩	$\phi800$	个	1	
2	吸尘罩	$\phi400$	个	2	

序号	名称	型号规格	单位	数量	备注
3	活动接口	ϕ260	个	1	
4	风向阀	ϕ260	个	1	
5	风向阀	ϕ220	个	1	
6	吸气支管	ϕ260	m	6	
7	吸气支管	ϕ220	m	6	
8	吸气主管	ϕ380	m	40	
9	引风机	4-68NO6C	台	1	
10	脉冲振打布袋除尘器	MC-4	台	1	含振打装置
11	阀门管件		套	1	
12	支撑架		套	1	
13	监测楼梯及平台		套	1	
14	设备基础		套	2	
15	风机隔声室		间	1	
16	电控装置		套	1	
17	烟囱	ϕ400	m	15	
18	空压机		台	1	与炼铁共用
三	喷砂室粉尘处理				
1	吸气主管	ϕ300	m	25	
2	旋风除尘器	XLP-600	台	1	
3	引风机	4-68NO4.5A	台	1	
4	阀门管件		套	1	
5	支撑架		套	1	
6	监测楼梯及平台		套	1	
7	设备基础		套	1	
8	风机隔声室		间	1	
9	电控装置		套	1	

七、工程效果

经稳定运行监测，该项目粉尘处理后能够达到《大气污染物综合排放标准》二级标准，并且经过布袋除尘器处理后，能每天回收有色金属 7.35kg，可产生经济收益反哺于维护设备运行，实现可持续发展。

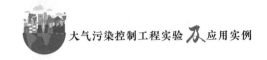

八、案例评析

本工程将3种金属冶炼炉粉尘分为两类。炼铁炉粉尘单独进行布袋除尘处理后达标排放；有色金属冶炼（炼铝炉、炼铜炉）粉尘集中进行布袋除尘处理后达标排放；喷砂室粉尘原有一套系统进行优化改造，使粉尘达到排放标准后外排，并且每年回收有色金属产生效益。具有较好的环境效益、社会效益、经济效益。

案例4 钢铁行业

某钢铁厂使用电除尘器治理烧结机机尾废气

一、工程简介

该钢铁厂建成后年产钢铁647万吨。总厂下设若干分厂，其中炼铁厂由原料车间、烧结车间和炼铁车间组成。烧结车间设有2台450m²鲁奇型烧结机，年产烧结矿980万吨。生产的主要原料是铁精矿粉、焦粉、石灰石、蛇纹石、生石灰、硅砂等。

图5-4-1为烧结车间生产工艺流程。

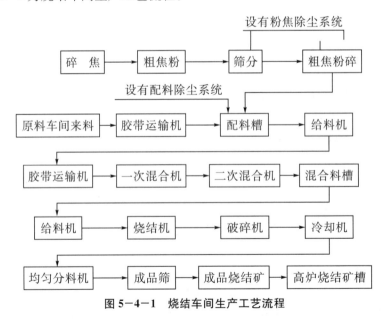

图5-4-1 烧结车间生产工艺流程

二、废气来源、性质及处理量

1. 废气来源

主要来源于烧结机头部、尾部、冷却机给排矿部、胶带运输机及除尘器周围的一些扬尘点。

2. 废气性质

烧结机尾气系统废气中的有害物主要是粉尘，其平均粒径为 40～90μm，容积密度为 1.0～2.0g/cm³，真密度为 3.6～4.7g/cm³，含尘密度为 5～15g/m³（标准状况）。

3. 废气处理量

每台烧结机机尾除尘系统总风量为 13625m³/min（温度为 120℃～140℃）。每台烧结机机尾除尘系统包括：烧结机机头 4 个抽风点，风量合计 1500m³/min；烧结机机尾 8 个抽风点，风量合计 10775m³/min；胶带机 8 个抽风点，风量合计 800m³/min；除尘器本体排灰装置所用斗式提升机、粉尘槽等 4 个抽风点，风量合计 550m³/min。

三、废气治理工艺流程

图 5-4-2 为该钢铁厂烧结机机尾废气治理工艺流程。

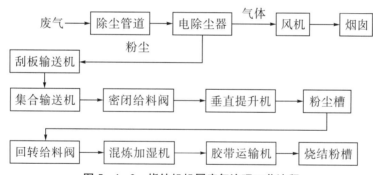

图 5-4-2　烧结机机尾废气治理工艺流程

烧结机机尾废气经过电除尘器净化后，由高 50m 的烟囱排入大气。电除尘器捕集的粉尘经加湿后，进入配料室的烧结粉槽，作为烧结原料使用。

四、主要设备

1. 电除尘器

电除尘器的技术参数见表 5-4-1。

表 5-4-1　电除尘器的技术参数

项目			参数
有效断面积			210m²
处理风量			1500m³/min
工作电压			最大 60kV
电场数			三个电场
电场风速			约 1.2m/s
气体通路			58 列
极板间距			300mm
收尘极	电极形式		CSV 型
	有效收尘面积		16000m²
	尺寸		480mm×12250mm×1.2mm
	振打装置	振打方式	电动回转锤式
		传动装置	电动机容量 0.4kW 6 台，锤子数 354 个
电晕极	电极形式		一电场为扁钢芒刺，二、三电场为角钢芒刺
	振打装置	振打方式	脱钩振打
		传动装置	电动机容量 0.4kW 6 台，锤子数 348 个
绝缘子加热器			1kW 24 台
外壳			钢板，厚 45mm，耐压 4900Pa（500mm H_2O）

2. 输灰装置

刮板输送机，6t/h，3 台，电动机容量 5.5kW。

集合输送机，20t/h，1 台，电动机容量 7.5kW。

气动双层阀，ϕ400mm，20t/h。

垂直提升机，20t/h，电动机容量 2.2kW。

给料机，回转式，2.4～12t/h，可变速。

加湿机，搅拌机型，12t/h，1 台，电动机容量为 15kW。

3. 风机

风量为 15000m³/min（140℃），风压为 2940Pa（300mm H_2O）。

五、治理效果

该钢铁厂烧结机机尾除尘系统投入运转以来，曾进行多次出口排放浓度测定，均在 100mg/m³（标准状况）以下。机尾除尘系统电除尘器出口的实测排放浓度见表 5-4-2。

表5-4-2 机尾除尘系统排放浓度

测试次数	排放浓度 [mg/m³(标准状况)]	测试次数	排放浓度 [mg/m³(标准状况)]	测试次数	排放浓度 [mg/m³(标准状况)]
1	51.8	4	9.1	7	14.0
2	6.8	5	20.8	8	12.8
3	7.8	6	53.0		

六、主要技术经济指标

烧结机机尾电除尘器净化效率的某次测试数据列于表5-4-3中。

表5-4-3 烧结机机尾电除尘器净化效率测定数据

风门开度(%)	入口风量 (m³/min)	入口含尘浓度 [g/m³(标准状况)]	出口含尘浓度 [mg/m³(标准状况)]	效率(%)
60	12902	4.1	82.7	97.9
80	13795	3.8	10.0	99.7
100	14328	3.7	94.4	97.4

从烧结机机尾电除尘器的实测数据来看,其入口浓度均在 $4g/m^3$ (标准状况)左右,而实测净化效率均在97%以上。

分析电除尘器所捕集粉尘的粒径,结论如下:

(1)一电场大部分属于粗粉尘,大于 $35\mu m$ 的占89.7%, $D_{50}=99\mu m$。

(2)二电场收集的粉尘较细,大于 $35.6\mu m$ 的占23.9%, $D_{50}=10\mu m$。

(3)三电场更细,大于 $34.2\mu m$ 的占10% , $D_{50}=6.1\mu m$。

(4)在相同的运行工况下,如果脱钩振打发生故障,二、三电场的电晕极肥大现象比一电场严重,这主要与微细粉尘黏附性强有关。

七、经验教训

1. 机尾烟囱阵发性冒黄烟

烧结机尾废气中的粉尘经电除尘器净化后,虽能达到排放标准,但有时产生阵发性的黄色烟尘外逸,使电除尘器出现"瞬时超标"的现象。这与第三电场的振打有关。

2. 电晕极脱钩振打机构故障多

脱钩振打易出现振打不到位等机械故障,而且结构也比摇臂锤式复杂,需要经常调整和维修。

3. 刮板运输机故障

造成刮板运输机出现故障的主要原因是过负荷造成过流继电器跳闸。故障的原因之

一是由于异物落入，例如，落入电除尘器极板固定螺栓，振打松动后落入灰斗，便会引起故障。另一个原因是，刮板运输机或密闭给料阀之间漏风，使运输的粉尘逆向流动，造成阻滞。因此，必须注意检查灰斗至密闭给料阀之间的漏风。

案例5 玻璃行业

玻璃行业废气防治系统

一、工程概况

某公司拥有五条玻璃生产线，1 条 300t/d、2 条 500t/d、1 条 700t/d、1 条 900t/d，总日熔量为 2900t。主要生产本体着色高档浮法玻璃。为响应国家节能减排的号召，改善环境质量，该公司决定进一步加大玻璃熔窑的烟气治理力度。本项目就是为 1 条 300t/d 和 1 条 500t/d 生产线配套的烟气脱硫岛。该生产线均采用经过调制的重油作为燃料，油耗为 (51+77)t/d，重油含硫量为 3% 左右；烟气量为 (65000+87000)m³/h 左右。烟气水蒸气含量高达 12.5%。在采用湿法脱硫时，烟囱出口有较为明显的烟羽现象。所以，本项目投运后，在达到 SO_2 的排放浓度低于 300mg/m³、烟尘浓度低于 150mg/m³ 的同时，烟羽现象将要有十分明显的改善。脱硫岛布置在余热锅炉和引风机之间，采用负压运行。

二、设计参数

1. 玻璃熔窑特性数据

本工程玻璃熔窑生产线均采用重油作为燃料，生产线的基本参数见表 5-5-1 和表 5-5-2。

表 5-5-1 300t/d 生产线基本参数

序号	参数名称	单位	数据
1	燃烧方式		玻璃熔窑标准方式：每 20min 换火一次，每次间隔大约 30s
2	投产日期		2007 年 8 月 27 日
3	燃料		重油
4	实际油耗	t/d	51
5	排烟温度	℃	450
6	余热窑炉后烟温	℃	160

序号	参数名称	单位	数据
7	年运行时间	h	24×365

表 5−5−2　500t/d 生产线基本参数

序号	参数名称	单位	数据
1	燃烧方式		玻璃熔窑标准方式：每20min换火一次，每次间隔大约30s
2	投产日期		2007 年 6 月 27 日
3	燃料		重油
4	实际油耗	t/d	77
5	排烟温度	℃	450
6	余热窑炉后烟温	℃	160
7	年运行时间	h	24×365

2. 引风机特性数据

本工程玻璃熔窑生产线引风机采用离心式引风机，主要参数见表 5−5−3 和表 5−5−4。

表 5−5−3　300t/d 生产线引风机主要参数

序号	参数名称	单位	数据
1	型号		Y35−5A No. 14.4D
2	风量	m^3/h	77402
3	全压	Pa	7539
4	电机功率	kW	315
5	电机电压	V	380
6	电机电流	A	

表 5−5−4　500t/d 生产线引风机主要参数

序号	参数名称	单位	数据
1	型号		Y130−6 No. 20.8D
2	风量	m^3/h	106767
3	全压	Pa	7540
4	电机功率	kW	450
5	电机电压	V	380
6	电机电流	A	

3. 烟囱参数

烟囱参数见表 5-5-5。

表 5-5-5 烟囱参数

序号	参数名称	单位	数据
1	高度	m	100
2	出口内径	m	
3	底部内径	m	
4	出口温度	℃	
5	底部压力（表压）	Pa	
6	防腐材料		耐酸砖

4. 烟气参数

烟气参数参见表 5-5-6 和表 5-5-7。

表 5-5-6 300t/d 生产线烟气参数

序号	参数名称	单位	数据
1	烟气量	m^3/h	41000
2	炉后烟气温度	℃	410~450
3	塔前烟气温度	℃	160
4	初始含尘量	mg/m^3	400~500
5	初始含硫量	mg/m^3	3200
6	水蒸气含量	%	12.5

表 5-5-7 500t/d 生产线烟气参数

序号	参数名称	单位	数据
1	烟气量	m^3/h	55000
2	炉后烟气温度	℃	410~450
3	塔前烟气温度	℃	160
4	初始含尘量	mg/m^3	400~500
5	初始含硫量	mg/m^3	3200
6	水蒸气含量	%	12.5

5. 各类消耗

各类消耗物价格见表 5-5-8。

表 5-5-8　消耗物价格

序号	参数名称	单位	数据
1	电价	元/(kW·h)	0.7
2	工业水价	元/t	2.5
3	生石灰粉	元/t	80
4	工人平均工资	元/a	25000

三、性能指标

性能指标见表 5-5-9。

表 5-5-9　性能指标

序号	参数名称	单位	数据
1	脱硫效率	%	>90
2	SO_2 出口浓度	mg/m^3	<300
3	除尘出口浓度	mg/m^3	<150
4	可用率	%	>95
5	废水排放	满足国家相关法规要求	
6	其他	200m 外无肉眼可见烟色	

1. 废气处理工艺

综合考虑脱硫的运行和投资费用、占地情况等，同时兼顾实际情况，本项目采用《当前国家鼓励发展的环保产业设备（产品）目录（第一批）》中的烟气循环流化床脱硫法。从窑炉尾部排出的烟气进入 CFB-FGD 脱硫系统，然后进入静电除尘器，脱硫、除尘后的烟气经引风机进入烟囱排放，收集到的脱硫副产物外运综合利用，并保证烟囱排放烟气 SO_2 浓度不大于 $300mg/m^3$，粉尘浓度不大于 $150mg/m^3$，烟气排放时烟羽现象有明显的改善。

300t/d 生产线和 500t/d 生产线分别设计独立的烟道系统、吸收系统、物料循环系统，以保证两线运行互不干扰，故障单独处理，提高同步运行率；工艺水系统、吸收剂制备加料系统、压缩流化空气系统、电气系统、自控系统为两线公用，以保证降低工程造价、节省用地和降低运行费用。

脱硫岛设置旁路系统，以保证脱硫岛本体出现故障时，窑炉和余热锅炉正常运行。脱硫岛布置在余热锅炉和引风机之间，以保证脱硫岛在负压下运行，以免漏风而造成环境影响。

作为 20 世纪 80 年代末发展起来的干法工艺，循环流化床烟气脱硫技术（Circulating Fluidized Bed Flue Gas Desulfurization，CFB-FGD）不仅具有干法脱硫的优点，还具有湿法脱硫的高效率与低 Ca/S 比的特点。CFB-FGD 工艺流程简单、设备少，因此容易操作，维护费用相对较低。我国中小窑炉总数超过 50 万台，经济上难以承受国外许多传统的脱硫技术。而 CFB-FGD 工艺作为一种经济高效的脱硫技术，不仅适用于大型燃煤锅炉，而且可用于中小窑炉，适合我国国情。

2. 脱硫原理

循环流化床烟气脱硫技术采用消石灰或石灰作为吸收剂。在窑炉和除尘器之间安装循环流化床系统，烟气从流化床脱硫塔下部进入脱硫塔，与消石灰颗粒充分混合，SO_2、SO_3 及其他有害气体（如 HCl、HF 等）与消石灰发生反应，生成 $CaSO_3 \cdot \frac{1}{2}H_2O$、$CaSO_4 \cdot \frac{1}{2}H_2O$、$CaCl_2$ 和 CaF_2 等。由于脱硫塔内的吸收剂呈悬浮的流化状态，反应表面积大，传热、传质条件好，且颗粒之间不断碰撞、反应，极大地强化了 SO_2 吸收过程，为实现高脱硫效率提供保证。随后夹带着大量粉尘的烟气进入脱硫除尘器中，被脱硫除尘器收集下来的固体颗粒大部分又返回流化床脱硫塔中，继续参加脱硫反应。多余的少量脱硫灰渣则通过二级输送机构外排。灰循环量可以调节，以保证塔内的固/气比、固体浓度处于适宜的范围内。通过多次的物料循环，流化床内参加反应的吸收剂远远大于新投入的量，保证床内的脱硫过程是在较高的钙硫比下进行，而且吸收剂在脱硫塔内滞留时间长，因此，使得脱硫效果和吸收剂的利用率大大提高。

工业水经过喷嘴雾化喷入脱硫塔下部，以增加烟气湿度、降低烟温，使 SO_2 与 $Ca(OH)_2$ 的反应转化为可以瞬间完成的离子型反应，提高了脱硫效率。

由于系统还可以同时去除 HCl、HF、SO_3 等强腐蚀性气体，加上排烟温度始终控制在高于露点温度 15℃~20℃，甚至更高。因此，烟气不需要加热可以直接排放，同时整个系统也无须防腐处理。

该过程的主要化学反应如下：

$$Ca(OH)_2 + SO_2 \longrightarrow CaSO_3 \cdot \frac{1}{2}H_2O + \frac{1}{2}H_2O \qquad (7-5-1)$$

$$Ca(OH)_2 + SO_3 \longrightarrow CaSO_4 \cdot \frac{1}{2}H_2O + \frac{1}{2}H_2O \qquad (7-5-2)$$

$$CaSO_3 \cdot \frac{1}{2}H_2O + \frac{1}{2}O_2 \longrightarrow CaSO_4 \cdot \frac{1}{2}H_2O \qquad (7-5-3)$$

$$Ca(OH)_2 + CO_2 \longrightarrow CaCO_3 + H_2O \qquad (7-5-4)$$

$$Ca(OH)_2 + 2HCl \longrightarrow CaCl_2 \cdot 2H_2O （约 75℃）（强吸潮性物料） \qquad (7-5-5)$$

$$2Ca(OH)_2 + 2HCl \longrightarrow CaCl_2 \cdot Ca(OH)_2 \cdot 2H_2O （>120℃） \qquad (7-5-6)$$

$$Ca(OH)_2 + 2HF \longrightarrow CaF_2 + 2H_2O \qquad (7-5-7)$$

从上述化学反应方程式可以看出，$Ca(OH)_2$ 尽量避免在 75℃左右与 HCl 反应。

3. 工艺流程

一个典型的 CFB-FGD 系统由预电除尘器、吸收剂制备及供应、脱硫塔、物料再循环、工艺水系统、脱硫后除尘器、仪表控制系统等组成，其工艺流程见图 5-5-1。

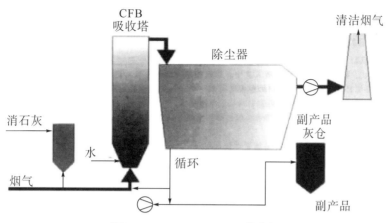

图 5-5-1　CFB-FGD 工艺流程

来自窑炉的烟气温度一般为 450℃ 左右，经过余热锅炉后，烟气温度降低到 180℃ 左右，由于烟气中含尘少，所以不需要通过一级除尘器，直接从底部进入脱硫塔，通过脱硫塔底部的文丘里管的加速，在此处高温烟气与加入的吸收剂、循环脱硫灰充分混合，进行初步的脱硫反应，然后吸收剂、循环脱硫灰受到气流的冲击作用而悬浮起来，形成流化床，进行充分的脱硫反应。在这一区域内流体处于激烈的湍动状态，循环流化床内的 Ca/S 值可达到 40~60，颗粒与烟气之间具有很大的滑落速度，颗粒反应界面不断摩擦、碰撞更新，极大地强化了脱硫反应的传质与传热。

在文丘里管出口扩管段设 4 套喷水装置，喷入的雾化水一方面可以增湿颗粒表面；另一方面可以使烟温降至高于烟气露点 20℃ 左右，创造良好的脱硫反应温度，吸收剂在此与 SO_2 充分反应，生成副产物 $CaSO_3 \cdot \frac{1}{2}H_2O$，还与 SO_3、HF 和 HCl 反应生成相应的副产物 $CaSO_4 \cdot \frac{1}{2}H_2O$、$CaF_2$、$CaCl_2$ 等。净化后的含尘烟气从脱硫塔顶部侧向排出，先通过分离器，然后进入除尘装置，通过引风机排入烟囱。由于排烟温度高于露点温度 20℃ 左右，因此烟气不需要再加热。

经除尘装置捕集下来的固体颗粒，通过物料循环，返回脱硫塔继续反应，如此循环，少量脱硫灰渣通过物料输送设备外排。

（1）烟道系统。

①脱硫岛的烟道系统是将脱硫岛接入玻璃窑炉系统进行正常运行，且当脱硫岛出现异常从玻璃窑炉系统中解裂出来的装置。对于烟道系统，必须要求阻力小、流速适中、保温、防腐、耐磨。在脱硫岛出现异常时，解裂迅速，不对窑炉产生影响，或只对窑炉产生在允许范围内的影响。本脱硫岛根据玻璃熔窑运行生产性质，每条线设置独立的烟道系统，同时设置旁路烟道，以保证在本体异常时迅速解裂。

烟道根据可能发生的最差运行条件（如温度、压力、流量、湿度等）进行设计。烟道设计根据系统运行时可能出现的最高和最低压力（包括不正常条件如烟道内出现堵塞情况）并考虑适当的余量进行设计。烟道设计要能够抵抗所有负荷，如风荷载、雪荷载、地震、灰尘积累、内衬、保温，并符合《火力发电厂烟风煤粉管道设计技术规程》

(DL/T 5121—2000)。

②吸收系统的组成。主要设备有进口烟道、出口烟道、旁路烟道、进口挡板、出口挡板、旁路挡板、膨胀节等。

③主要技术参数。

烟气流速：15m/s。

材质：普钢。

烟道壁厚：6mm。

工作压力：−5000~5000Pa。

运行温度：90℃~160℃。

（2）吸收系统。

①在半干法脱硫工艺中，脱硫塔是脱硫岛的核心部分，其结构、性能决定烟气净化处理效率。本项目的脱硫塔采用一对一的形式建造，即一台窑炉对应一个脱硫塔，烟气通过脱硫塔净化处理后经引风机送烟囱排放。

②吸收系统的组成。包括脱硫塔塔体和喷雾装置。

③主要技术参数。

处理烟气量：300t/d 生产线处理量 65000m^3/h，500t/d 生产线处理量 87000m^3/h。

设计脱硫效率：>90%。

设计 Ca/S：1.5。

循环倍率：120。

塔内 Ca/S：40。

烟气流速：5m/s。

烟气停留时间：7s。

脱硫塔总阻力：<1000Pa。

脱硫塔占地面积：300t/d 生产线，7m^2；500t/d 生产线，9m^2。

脱硫塔高度：35m。

脱硫塔内径：300t/d 生产线，2.1m；500t/d 生产线，2.5m。

喷水装置流量：1m^3/h。

进水压力：0.4MPa。

喷水装置套数：300t/d 生产线，2 套；500t/d 生产线，3 套。

脱硫塔塔体材质：碳钢。

烟气出口温度：>90℃。

④工作原理。吸收剂和循环脱硫灰受脱硫塔底部的文丘里装置加速的烟气冲击后悬浮起来，形成流化床，与烟气充分混合完成脱硫反应，在脱硫塔内，烟气与吸收剂处于激烈的湍流状态，循环流化床内的 Ca/S 摩尔比可以达到 40 左右。吸收剂颗粒与烟气之间存在较大的滑移速度，吸收剂颗粒之间的不断摩擦、碰撞，增大了脱硫反应的反应界面，强化了脱硫反应的传质与传热。开始阶段的脱硫反应为离子反应，随着水分的蒸发，脱硫反应也逐渐由离子反应过渡到气固反应。

影响反应的主要因素是反应温度，本方案采用多级喷水降温技术，不仅确保了设计反应温度约大于90℃，而且分级喷水也可使二氧化硫与消石灰之间的气液相反应时间增加，对提高脱硫效率有极大帮助。

（3）工艺水系统。

①循环流化床属于半干法脱硫除尘，工艺水系统是不可缺少的部分。工艺水系统不仅可以为脱硫塔提供适量工艺水对烟气进行降温，还为干式消化器提供适量消化水。工艺水系统能否精准供水对脱硫除尘系统的整体性能具有十分重要的影响。

②循环水系统的组成。由水箱、增湿水泵、消化水泵和雾化喷嘴等组成。

③主要技术参数。

工艺水箱容量：$20m^3$。

消化水用量：120kg/h。

脱硫塔喷水量：300t/d生产线喷水量1900kg/h，500t/d生产线喷水量2500kg/h。

单个雾化喷嘴流量：$1mV \cdot h$。

④工艺流程。工艺水系统根据功能不同分为两个部分：消化水和增湿水。

消化水部分包括两台小型计量泵，控制精度要求高；增湿水部分包括两台增湿水泵，一个脱硫塔配置多个雾化喷嘴，雾化喷嘴流量由自动调节阀控制，提供就地和远程两种控制方式。工艺水箱和消化水箱装有水位压力传感器，信号送入控制系统，由控制系统对水箱进行自动补水。

（4）吸收剂制备系统。

①本工程吸收剂制备系统采用生石灰粉干消化制粉。生石灰粉由罐车送到生石灰粉上料口，罐车仓式泵向储仓上料。采用气力输送方式送入储仓中。储仓的容量按3d耗量设计。上料时，储仓顶部泄压装置自动排出仓内正压。储仓上装有料位计，料位在计算机上显示。在储仓下部设有气化装置，以防粉料堵塞。生石灰粉通过轮式给料机经称重后加入干式消化器消化，消化好的熟石灰送入塔前仓储存。塔前仓容量按1d耗量设计。塔前仓设1套下料装置，配置可调转速的轮式给料机，根据进入脱硫塔的烟气流量和污染物浓度自动进行调节给料量。消石灰采用气力输灰的方式送入脱硫塔。

②吸收剂制备系统的组成。由生石灰料仓、计量螺旋输送机、称重螺旋输送机、干式消化器、塔前仓轮式给料机和气力输灰装置组成。

③主要技术参数。

生石灰料仓容量：$45m^3$（3d用量）。

塔前仓容量：300t/d生产线，$6.5m^3$；500t/d生产线，$8.5m^3$（1d用量）。

干式消化器出力：0.5t/h。

仓顶除尘器出口浓度：$<75mg/m^3$

计量螺旋输送机下料量：1t/h。

称重螺旋输送机下料量：0.5t/h。

塔前仓称重装置容量：0.3t/h。

灰气比：10kg（灰）/kg。

④工艺流程。生石灰粉由罐车送至生石灰仓上料口，由罐车自带的气力输灰上料，空气由生石灰仓顶除尘器排出，仓底设置气化板，通入空气，防止堵塞。生石灰粉精确

定量地送入干式消化器消化，消化水根据生石灰量适量加入，不可过量，消化过程要求满足 4min 内消石灰温度上升至 60℃ 的要求。消石灰送入密封防水的塔前仓，仓底设置气化板，通入加热的空气，防止变质、活性降低和堵塞。消石灰粉通过可调频的轮式给料机定量给料，采用气力输灰方式送入脱硫塔。

（5）物料循环系统。

①烟气循环流化床法的主要特点是物料循环使用，此功能由物料循环系统实现。从脱硫塔出来的烟气首先进入分离器，约 93% 的物料被收集，通过轮式给料机送到增湿搅拌器，增湿活化后的物料送回脱硫塔，再次与烟气接触反应，此时脱硫塔内的含尘浓度达到 800g/m³；烟气再进入除尘器，99.8% 的物料被除尘器截留，落入灰斗中，而烟气中的含尘浓度也降低到约 112mg/m³。灰斗下设置回料槽，回料槽可将从灰斗下来的物料分成两部分，一部分送至增湿搅拌器，另一部分作为副产物送至小仓泵，小仓泵内的脱硫副产物送至灰仓储存。

准备送回脱硫塔的物料经过增湿调质再送回脱硫塔。

②物料循环系统的组成。由分离器、二级除尘器、增湿搅拌器、回料槽和灰仓组成。

③主要技术参数。

增湿搅拌器容量：300t/d 生产线，35t/h；500t/d 生产线，48t/h。

回料槽排料量：300t/d 生产线，0.33t/h；500t/d 生产线，0.44t/h。

除尘器处理量：300t/d 生产线，65000m³/h；500t/d 生产线，87000m³/h。

分离器效率：93%。

二级除尘器效率：99.8%。

二级除尘器出口浓度：<150mg/m³。

灰仓容量：25m³。

④工艺流程。分离器截留的物料全部通过增湿搅拌器回塔循环，而除尘器截留的物料大部分送回增湿搅拌器调质后回塔循环，小部分由小仓泵送排到灰仓储存。

根据现场情况，本工程中分离器为下出风旋风除尘器，除尘器为四电场除尘器。

（6）压缩流化空气系统。

①压缩流化空气系统由压缩空气部分和流化空气部分组成。其中，压缩空气部分有空气净化装置和压缩空气罐，分别提供仪用压缩空气和杂用压缩空气，仪用压缩空气有空气净化装置，杂用压缩空气主要为气力输送用。流化空气部分有电加热器和流化空气罐，分别为脱硫岛的各个装置灰斗流化板和部分气力输送装置供气。气源部分由厂方提供。

②压缩流化空气系统的组成。包括流化空气罐、空气净化器、电加热器和压缩空气罐。

③主要技术参数。

灰气比：10kg/kg。

输灰压力：200~300kPa。

流化板气量：0.17m³/min。

流化板灰侧压力：50kPa。

④工艺流程。正常工作时，压缩空气间断工作，当压缩空气罐中压力不够时，系统自动打开，业主提供的气源进气，压缩空气在进压缩罐之前会经过空气净化装置。流化空气罐由业主提供气源，流化空气都需要经过电加热器，以免在工作过程中引起物料堵塞。

4. 技术特点

（1）CFB-FGD 法优点。

①工艺简单，塔内没有任何运动部件和支撑杆件，操作气速合理，磨损小，设备使用寿命长，维护量小；结构紧凑，循环流化床反应器不需要很大空间，检修方便。

②无废水产生，副产物为干态，可作为玻璃原料回用，无任何废物产生。

③加入吸收塔的消石灰和水是相对独立的，没有喷浆系统及浆液喷嘴，便于控制消石灰用量及喷水量，容易控制操作温度。

④处理后的排烟温度在酸露点以上，原烟囱无须特殊防腐。

⑤外排烟气为非饱和湿烟气，不会形成酸雨和烟羽现象，烟囱排烟视觉效果好。

⑥工艺系统自动控制，切换速度快，投运和停运不会影响玻璃窑正常生产。

⑦采用烟道压力监测与风机连锁运行，确保脱硫系统运行对窑压无影响。

⑧烟气适应范围广，可以满足不同的锅炉负荷要求，锅炉负荷在 30%～110% 范围内变化，脱硫系统均可正常运行。

⑨可与 SCR 脱硝配合，方便脱硫、除尘、脱硝，可整体治理烟气。

⑩吸收塔无须防腐。CFB 吸收塔内具有优良的传质传热条件，使塔内的水分迅速蒸发，并且可脱除几乎全部 SO_3，烟气温度高于露点 20℃ 左右，故吸收塔及其下游设备不会产生黏结、堵塞、腐蚀。

⑪由于床料循环利用，从而提高了吸收剂的利用率；固体吸收剂粒子停留时间长，固体吸收剂与 SO_2 间的传热传质交换强烈；在相同的脱硫效率下，与传统的半干法比较，吸收剂可节省 30%。

（2）CFB-FGD 法缺点。

①脱硫效率不高，很难达到 95% 以上。

②对石灰品质要求较高，需项目周边有高品位、质量稳定的石灰供应。

③Ca/S 比约为 1.5，高于石灰-石膏湿法脱硫工艺，吸收剂的消耗成本较高。

④脱硫副产品中含一定的亚硫酸钙，化学性能不稳定，有可能影响原粉煤灰的综合利用。

⑤在消化器的选择上，国产消化器效果不好，进口消化器价格较高，需对此工段工艺进行改进。

⑥吸收塔内流化床层因结块发生坍塌时，容易出现压力控制不稳定的现象，对工艺控制要求较高。

5. 技术指标

CFB-FGD 脱硫项目主要技术指标见表 5-5-10。

表 5-5-10 CFB-FGD 脱硫项目主要技术指标

序号	参数名称	单位	数据
1	烟气处理量	m^3/h	65000（300t/d 生产线）
2	烟气处理量	m^3/h	87000（500t/d 生产线）
3	烟气处理量	m^3/h	41000（300t/d 生产线）
4	烟气处理量	m^3/h	55000（500t/d 生产线）
5	烟气负荷变化范围	%	75~105
6	烟气温度（正常）	℃	160
7	烟气温度（最高）	℃	200
8	烟气 SO_2 浓度	mg/m^3	<3200
9	烟气烟尘浓度	mg/m^3	<500
10	烟气水蒸气含量	%	<13
11	SO_2 脱除效率	%	>90
12	出口 SO_2 浓度	mg/m^3	<300
13	出口烟尘浓度	mg/m^3	<150
14	烟气排放温度	℃	>85
15	生石灰 CaO 含量	%	>85
16	生石灰粒度	mm	<2
17	生石灰消耗量	kg/h	370
18	平均电耗	kW	195
19	工艺水消耗量	m^3/h	<5
20	系统可用率	%	>95
21	系统阻力	Pa	<2200

6. 主要设备及运营管理

CFB-FGD 脱硫项目主要设备清单见表 5-5-11。

表5-5-11　CFB-FGD脱硫项目主要设备清单

序号	名称		规格型号	单位	数量	备注
1	烟道系统	烟道	300t/d生产线：φ1300mm	m	50	
			500t/d生产线：φ1500mm	m	50	
		挡板	300t/d生产线：φ1300mm 带执行器	台	3	
			500t/d生产线：φ1500mm 带执行器	台	3	
2	吸收系统	脱硫塔	300t/d生产线：φ2.1m×35m；$P=1000Pa$	台	1	
			500t/d生产线：φ2.5m×35m；$P=1000Pa$	台	1	
		双层电动翻板阀		套	2	
		插板门	300mm×300mm	套	2	
		链式输送机	最大输送量 0.5m³/h；3m；$N=0.18kW$	套	2	
3	工艺水系统	工艺水箱	容量 20m³；φ3m×3m	台	1	
		消化水泵	流量 0.25m³/h；扬程 30m	台	2	1用1备
		增湿水泵	流量 5m³/h；扬程 70m；$N=2.2kW$	台	2	1用1备
		高压雾化喷枪	流量 10～20L/min；压力 0.4MPa	个	5	
4	吸收剂制备加料系统	生石灰仓	容量 45m³	个	1	
		仓顶布袋除尘器	出口浓度＜75mg/m³	套		
		计量螺旋输送机	最大给料量 1m³/h；$V=0.5kW$	台	1	
		称重螺旋输送机	最大给料量 500kg/h；$N=0.5kW$	台	1	
		干式石灰消化器	出力：0.5t/h	套	1	
		塔前仓	300t/d生产线：6.5m³	个	1	
			500t/d生产线：8.5m³	个	1	
		插板门	300mm×300mm	台	2	
		轮式给料机	给料量 0.5m³/h；$N=0.37kW$	台	2	
		仓顶布袋除尘器及流化风系统	出口浓度 75mg/m³	台	2	
		称重螺旋输送机	给料量 1t/h；$N=0.5kW$	套	2	

序号	名称		规格型号	单位	数量	备注
5	物料循环系统	分离器	300t/d 生产线：下出风旋风除尘器处理量 65000m³/h；效率 93%；P＝500Pa		1	
			500t/d 生产线：下出风旋风除尘器处理量 87000m³/h；效率 93%；P＝500Pa	套	1	
		除尘器	300t/d 生产线：4 电场电除尘器处理量 65000m³/h；效率 99.3%；P＝300Pa	套	1	
			500t/d 生产线：4 电场电除尘器处理量 87000m³/h；效率 99.8%；P＝300Pa		1	
		增湿搅拌器	300t/d 生产线：回料量 35t/h；N＝7.5kW	台	1	
			500t/d 生产线：回料量 18t/h；N＝7.5kW		1	
		回料槽	300t/d 生产线：排料量 0.33t/h；N＝0.75kW	个	1	
			500t/d 生产线：排料量 0.44t/h；N＝0.75kW		1	
		灰仓	容量 25m³	个	1	
6	压缩流化空气系统	电加热器	N＝2.2kW	台	1	
		除油干燥过滤装置		套	1	
		压缩空气罐	10m³，1MPa	个	1	
		流化空气罐	5m³，1MPa	个	1	

2. 工程运营成本分析

300t/d 生产线＋500t/d 生产线玻璃熔窑脱硫岛运行费用见表 5－5－12。

表 5－5－12　300t/d 生产线＋500t/d 生产线玻璃熔窑脱硫岛运行费用

序号	名称	单位	数据	备注
1	年运行时间	h	8760	
2	吸收剂价格	元/t	400	
3	吸收剂用量	t/h	0.37	
4	年吸收剂费用	万元	129.6480	
5	自来水价格	元/t	2.5	

序号	名称	单位	数据	备注
6	用水量	t/h	5	
7	年水费	万元	10.9500	
8	电价	元/(kW·h)	0.7	
9	电耗	kW	195	不含引风机电耗
10	年电费	万元	119.5740	
11	年工资	元/a	25000	
12	工人数	人	16	
13	年总工资	元	40.0000	
14	年运行成本	元	300.1720	

注：运行费用未包含设备折旧及维修费用。

四、案例评析

1. 循环流化床系统效率高

脱硫反应塔采用循环流化床，脱硫效率高、系统可靠稳定。该塔型结构借鉴了国外先进技术，塔内没有任何运动部件和支撑杆件，操作气速合理，塔内磨损小，没有堆积死角，设备使用寿命长、检修方便。

通过软件模拟，选择最佳操作流速，使得气固两相流在CFB内的滑落速度最大，脱硫反应区床层密度高，颗粒在吸收塔内单程的平均停留时间长，使得吸收塔内的气固混合、传质、传热更加充分，优化了脱硫反应效果，从而保证达到较高的脱硫效率。

2. 保障除尘器运行可靠

采用高压回流式水喷嘴直接向脱硫塔内喷水降温，对负荷变化响应快，保障后续除尘器可靠运行。

采用进口的回流式水喷嘴，具有喷水压力高、雾化效果好、耐磨损、耐腐蚀等优点，从高压水泵出来的工艺水通过高压回流式水喷嘴喷入脱硫塔内，烟气温度下降到脱硫反应器所需要的最佳温度（高于烟气露点温度20℃以上）。当锅炉负荷变化时，所需的喷水量也随之变化，此时通过水系统中的回流水调节阀来调节喷入脱硫塔内的水量，对负荷变化响应快（几乎同步）。喷入塔内的水由于压力高、雾化效果好，瞬间汽化后使得塔内激烈湍动物体不易黏结抱团，保证了后级除尘器的稳定可靠运行。

3. 工艺控制过程简单

CFB-FGD技术的工艺控制过程主要通过三个回路实现（图5-5-2），这三个回路相互独立，互不影响。

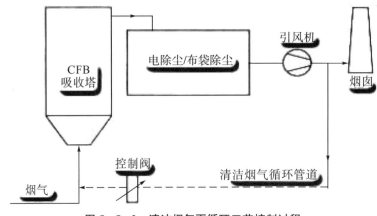

图 5-5-2　清洁烟气再循环工艺控制过程

（1）SO_2 排放控制。根据脱硫塔进口 SO_2 量控制石灰粉的给料量，脱硫塔出口的 SO_2 浓度，则用来作为校核和精确调节石灰粉给料量的辅助调控参数，以保证达到按要求的 SO_2 排放浓度。

（2）温度控制。为了促进消石灰和 SO_2 的反应，通过向脱硫塔内喷水来降低烟气的温度。同时为了防止结露和有利于烟气的排放扩散，通常选取的脱硫塔出口温度高于烟气的露点温度 10℃～20℃。

通过对脱硫塔出口温度的测定，控制回流式水喷嘴向脱硫塔内的喷水量，以使温度降低到设定值。工艺水通过高压水泵以一定的压力注入，可以在 CFB 运行过程中进行调节。脱硫系统停止运行时，工艺水会自动停止注入。

加入脱硫塔的消石灰和水的控制是相对独立的，便于控制消石灰用量及喷水量，从而使操作温度的控制变得更加容易。

（3）脱硫塔的压降控制。脱硫塔的压降由烟气压降和固体颗粒压降两部分组成。由于循环流化床内的固体颗粒浓度（或称固-气比）是保证流化床良好运行的重要参数，在运行中只有通过控制脱硫塔的压降来实现调节床内的固-气比，以保证反应器始终处于良好的运行工况。通过调节除尘器灰斗进入空气斜槽的物料量，控制送回脱硫塔的再循环物料量，可保证脱硫塔压降的稳定，从而保证床内脱硫反应所需的固体颗粒浓度。

4．保证入口气流分布均匀

采用流线型的底部进气结构，保证了脱硫塔入口气流分布均匀。为了适应单塔处理大烟气量，必须采用多文丘里管的结构。采用多个文丘里烟气喷嘴的脱硫塔，要求进入塔内的烟气流场分布较为均匀，否则各个喷嘴流速差异较大，可能导致固体颗粒物从某个喷嘴向下滑落。

为了解决布气不均匀造成塔内形成典型的不均匀的固体颗粒分布的问题，脱硫塔进气方式采用流线型的底部进气结构，避免两股气流对撞产生涡流，从而保证脱硫塔入口气流分布均匀。

5．保证气固两相流场稳定

脱硫塔内操作气速相对稳定，负荷适应性好，进一步保证了气固两相流场的稳定。本项目通过再循环烟道将引风机下游的部分净化烟气，根据负荷变化情况，调节烟道风门来调节再循环到脱硫塔进口烟道中净化烟气的流量，使文丘里喷嘴的流速保持相对稳定。

6. 系统简洁，可靠性高

脱硫系统对脱硫灰气力输送的要求较高，气力输送线一旦堵塞，将危及整个脱硫系统的安全运行。由于脱硫系统的设计无须通过刻意降低操作温度至接近露点温度来满足脱硫率的要求，从而避免了因物料含水量高、流动性差而产生的气力输送堵塞。

案例 6　喷漆行业

某厂喷漆车间大气污染物治理工程

一、工程概况

某公司在精加工件喷漆生产过程中，会用到有机溶剂。有机溶剂易挥发，其中如二甲苯、甲苯、乙酸乙酯、丁酮等低沸点、高挥发性溶剂含有的芳香烃既有毒又易燃。

喷漆车间在生产过程中会产生大量的涂层漆雾，而且废气中含有较高浓度的甲苯，在生产车间中产生刺鼻的味道。该废气若不经处理直接排入大气，不仅会污染周围的环境，而且会导致极大的原物料消耗，同时对企业形象造成一定的影响，为此，必须进行处理。

二、设计范围

本设计编制范围为，对其喷气机和喷码机厂房进行通风系统设计，以排除厂房喷漆过程中的空气污染，改善工作环境。原有的自然通风效果差，不能满足工业环境的要求。本设计针对三条输油管喷漆生产线、喷漆机和喷码机的局部通风系统及有机气体净化进行设计，由于工艺设备的设置限制，三条生产线分别独立设计。本设计含局部排风系统和净化系统设计。

三、设计原则

（1）采用先进、实用、可靠的处理工艺，净化效率高，确保漆雾经处理后达标排放，进而改善工作环境。

（2）采用合理的工艺布置，尽量降低工程投资及占地，在保证达标的前提下，以最小的资金达到预期的处理效果。

（3）运行费用低，运行稳定。

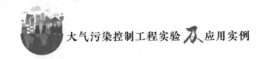

（4）采用先进可靠的技术设备，操作、维护、管理方便。

四、设计参数与指标

1．设计参数

结合实际情况，出于对工厂静音及工艺要求，应对风速进行控制。喷漆机、喷码机上集气罩控制风速为 0.25m/s，地上风管控制风速为 5～6m/s，地下风管控制风速为7～8m/s。

2．有害污染物基本性质

漆雾处理系统处理的漆雾主要含有甲苯、二甲苯。甲苯，沸点为 110.63℃，不溶于水，与甲醇、乙醇、氯仿、丙酮、乙醚、冰醋酸、苯等有机溶剂混溶，低毒类，麻醉作用。二甲苯，沸点为 138.5℃～141.5℃，不溶于水，与乙醇、乙醚、苯等有机溶剂混溶，乙二醇、甲醇、2-氯乙醇等极性溶剂部分溶解，一级易燃液体，低毒类。

甲苯和二甲苯属于有机溶剂，具有溶脂性（对油脂具有良好的溶解作用）。所以当溶剂进入人体后，能迅速与含脂肪类物质作用，特别是对神经组织产生麻痹作用，产生行动和语言障碍。

3．排放标准

有关污染物的排放标准见表 5-6-4。

表 5-6-1　废气执行排放标准值
[《大气污染物综合排放标准》（GB 16297—1996），二级，新扩改]

名称	允许浓度（mg/m³）	允许速率（kg/h）
		排气筒高度 15m
苯	12	0.5
甲苯	40	3.1
二甲苯	70	1.0
非甲烷总烃	120	10
颗粒物	120	3.5

五、喷漆车间废气处理设计方案

1．密闭罩的设计

密闭罩是用来捕集有害物的。它的性能对局部排风系统的技术经济指标有直接影响。性能良好的密闭罩，只要较小的风量就可以获得良好的工作效果。图 5-6-1 为密闭罩剖面图。

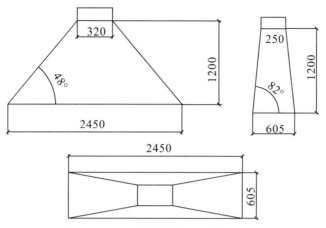

图 5-6-1　密闭罩剖面图（单位：mm）

设计中一号、二号线密闭罩，上口面积 $A=1.482\text{m}^2$，吸入速度 $v=0.25\text{m/s}$，安全系数 $\beta=1.15$，通风量 $Q=3600Av\beta=1534.13\text{m}^3/\text{h}$。三号线密闭罩，上口面积 $A=1.519\text{m}^2$，吸入速度 $v=0.25\text{m/s}$，安全系数 $\beta=1.15$，通风量 $Q=1572.17\text{m}^3/\text{h}$。

2. 通风管道的设计

通风系统中的风管把系统中的各种设备或部件连成了一个整体。合理选定风管中的气体流速，管路力求短、直，对提高系统的经济性有很大帮助。设计中通风量主要来自局部排风罩，三条生产线风量大致相等，考虑经济因素，地上部分矩形镀锌钢板风道设计风速 $v=5.56\text{m/s}$，风道尺寸 320mm×250mm。风量调节阀采用钢板制作。地下水泥风道设计风速 $v=7.11\text{m/s}$，风道尺寸 250mm×250mm。地下混凝土风道每 20～25m 应设置一道伸缩缝，缝宽 20～40mm，缝内用沥青填实，缝外用"V"形铁皮及卷材密封。地下风道的采用，有效地利用了厂房空间，不会对工人的正常工作生产产生影响。图 5-6-2～图 5-6-4 分别为一号线、二号线、三号线侧视图。

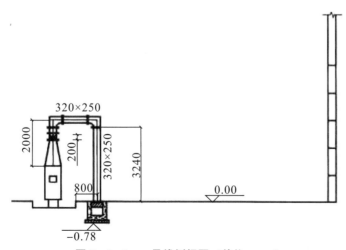

图 5-6-2　一号线侧视图（单位：mm）

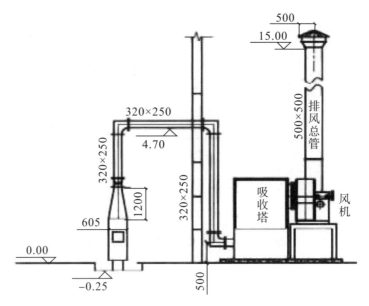

图 5-6-3　二号线侧视图（单位：mm）

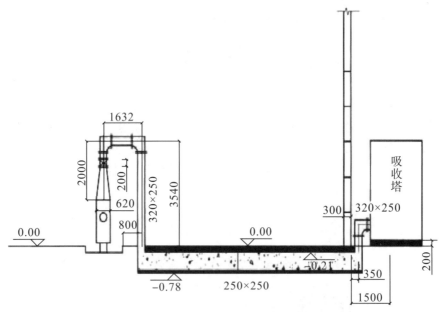

图 5-6-4　三号线侧视图（单位：mm）

3. 废气净化设备

（1）工艺比较及选择。

喷漆废气主要由两部分组成：一是液态的漆雾，二是气态的 VOCs 喷漆废气。喷漆废气的处理方法种类繁多、特点各异，常用的有冷凝回收法、吸收法、直接燃烧法、催化燃烧法、吸附法、过滤水洗法等。

①冷凝回收法。将废气直接冷凝或吸附浓缩后冷凝，冷凝液经分离后回收有价值的有机物。该法用于浓度高、温度低、风量小的废气处理，但此法投资大、能耗高、运行

费用大，因此无特殊需要，一般不采用此法。

②吸收法。可分为化学吸收和物理吸收，但"三苯"废气化学活性低，一般不采用化学吸收。物理吸收是选用具有较小的挥发性液体吸收剂，它与被吸收组分有较高的亲和力，吸收饱和后经加热解析冷却后重新使用。该法用于大气量、温度低、浓度低的废气。装置复杂、投资大，吸收液的选用比较困难，存在二次污染。

③直接燃烧法。利用燃气或燃油等辅助燃料燃烧放出的热量将混合气体加热到一定温度（700℃～800℃），驻留一定时间，使可燃的有害气体燃烧。该法工艺简单、设备投资少，但能耗大、运行成本高。

④催化燃烧法。在催化剂（如铂、钯）的作用下，可以在较低温度下将废气中的有机污染物氧化成二氧化碳和水。催化起燃温度约为250℃。催化燃烧处理方式虽然在一定程度上解决了活性炭饱和问题，但耗电量较高，且使用一段时间后，催化剂会中毒，同时燃烧时的能耗高，能量没有回收，造成浪费。所谓"中毒"，就其本质而言，是指反应混合物中所含杂质和毒物通过可逆或不可逆的强化学吸附而占据了催化剂活性位所导致的催化剂失活现象。一类是如果毒物与活性组分作用较弱，可用简单方法使活性恢复，称为可逆中毒或暂时中毒。另一类为不可逆中毒，不能用简单方法恢复活性。有机废气催化燃烧净化装置价格约为4.5万元人民币，且目前常用的贵金属催化剂由于资源稀少、价格昂贵、易中毒，本方案不建议采用。

⑤吸附法。活性炭吸附处理的主要问题在于活性炭易于饱和，同时由于活性炭阻力较大，需要压头较高的风机，能耗大。活性炭的再生可分为两类，通过吸附在活性炭上的物质（吸附质）脱附和吸附质的分解进行再生。所谓脱附，是改变活性炭的环境至吸附质容易脱离状态的操作。一般有以下三种情况：降低压力或浓度、提高温度、使用化学药品。在水处理之类的场合中使用过的活性炭，吸附了分子量大、沸点高的多种物质，有时不能通过脱附再生。因此，通常使用分解的方法进行再生。方法有以下五种：用氧化性气体进行氧化分解、高温液相氧化分解、用氧化剂进行液相氧化分解、微生物分解、电化学分解。按每1000g活性炭处理50t水计算，一座日产5万吨的水厂日消耗活性炭1.0t，每吨炭价格按8000元计算，活性炭的成本为0.16元/m³。如能将活性炭再生使用，1t活性炭再生费用按2000元计，每次再生后添加10%的新炭，每吨活性炭再生2～3次，每吨水用活性炭的单项成本在0.1元以下。目前应用成熟的技术应该还是活性炭吸附法。

⑥过滤水洗法。将车间产生的漆雾通过风机的负压值，引至过滤器，过滤器中装有多个螺旋喷头，并挂了多个湿帘进行过滤。该方案适用于低浓度，小风量的废气处理，该法简单成本造价低，但只能处理表面的漆粒，而不能除去废气中的化学成分。

经过综合比选，对于液态漆雾，采用过滤水洗法湿法除尘，有一定效果（涂料进入水体后要考虑废水处理），但对不溶水的VOCs，采用活性炭吸附法。

（2）废气净化工艺流程。

废气净化工艺流程如图5-6-5所示。

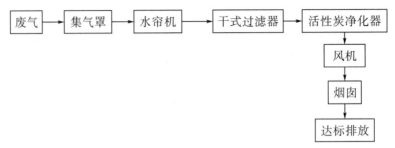

图 5-6-5　废气净化工艺流程

涂装漆雾采用捕集—过滤洗涤—吸附的治理工艺。该工艺由集气罩、水帘机、吸附器、风机及控制系统等主要设备组成。

水帘机实际上是一台带有水帘的排风机，它具有投资少、运行费用低、使用效果好等优点。它是提供喷漆作业的专用环保设备，其作用是将喷漆过程中产生的喷雾限制在一定区域内，并得到处理。它是采用以水为介质的湿式处理方法，通过水捕捉集中在喷漆作业区域内的漆雾，再对含漆雾废水进行处理，过滤后循环使用。

目前水帘机中所设置的喷雾处理装置仅能处理喷雾中的树脂成分，对于其中的溶剂蒸气，则不能得到处理，仍然要排入大气中造成污染，所以需要另设专门的废气处理装置来处理。

水帘机侧吸收塔安装在现有面漆排风口（室外）处，并与水帘机烟气连通。吸收塔里装有喷淋装置，所有喷头均选择无堵塞型喷头，且所有喷淋管实现法兰连接，可在线更换拆除清理。所有喷淋管道、阀门均采用 UPVC 管材。加装风门闸板，可实现旁路排放。

经过旋流板后的烟气进入干式过滤器，过滤掉多余的水分后，进入活性炭净化器，脱除不溶解于水的有机气体后，由风机达标排放。净化后的气体完全满足环保排放要求。

4. 风机的选择

风机向机械排风系统提供空气流动的动力。为了防止风机的磨损和腐蚀，通常把它放在净化设备的后面。一般风机选型应遵循以下四条原则：

（1）要满足使用风压和风量的要求。系统所使用的风压、风量是两个关键数值，必须经过比较准确的分析和计算。如有可能，最好以实测值为基础。计算数据与实际运行值之差不应超过 10%，因为在这样的范围内，可使风机在高效区工作。

（2）根据负荷类型确定调节方案。因为负荷类型不同，风机的调节方式也相应有所不同。负荷类型一般分为四种：高流量型、低流量型、多变流量型、间歇流量型。

（3）可根据高效、节能、低噪原则选型。

（4）根据使用环境、某些特殊要求及输送介质的类型选型。由于本设计风机设置在吸收塔后面，此问题不作考虑。

如果要求风机性能较高，风量、风压较高，而风机噪声不要求很严时，可选定风机转速高一些。如果要求风机噪声较低，可选定风机转速低一些，这样满足相同的风量，风压性能就需要加宽叶片或增加叶片数，风机成本上升。风机直径规格、转速可在满足条件的范围内任意选定。但为了风机的标准化，如果没有特殊要求还是尽量按标准的直径规格和风机转速选用。

考虑到管道可能漏风等原因。一般是在系统所需风量、风压的基础上乘以一个安全系数，来确定风机的风量和风压。风量附加安全系数：一般送、排风系统为 1.1，除尘系统为 1.1~1.15，气力输送系统为 1.15。风压附加安全系数：一般送、排风系统为 1.1~1.15，除尘系统为 1.15~1.2，气力输送系统为 1.2。因此，正确地确定系统风量、风压是风机选型的关键。风压偏高，风量偏大，与实际需要相差太大。不仅造成了大量的能源浪费，而且往往给运行带来很大困难。由前面设计计算，本设计一号线风量取 $1535m^3/h$，选型风压取 291Pa；二号线风量取 $1535m^3/h$，选型风压取 60Pa；三号线风量取 $1575m^3/h$，选型风压取 166Pa。所有风机均选择涡流式工频离心风机。

六、案例评析

本设计中采用的局部排风系统需要的风量小，效果好，在有害物产生地点能直接把它们捕集起来，经过净化处理后排至室外，是防止工业有害物污染室内空气的有效方法。在局部排风系统设计中采用密闭罩，可用较小的排风量获得最佳的控制效果。能为今后同类工程做参考。

有害气体的净化方法主要有燃烧法、冷凝法、吸收法和吸附法。目前比较成熟的技术是活性炭吸附法，但本工程在调试运营过程中，发现油漆雾有黏性，对活性炭吸附塔偶尔有堵塞现象，需加强巡查。本设计所采用的水帘机具有投资少、运行费用低、使用效果好等优点，很受生产企业欢迎。

案例 7　海洋石油工业

海洋石油工业废气防治系统的典型案例

一、工程概况

长期以来，未经处理的 FPSO（浮式生产、储油、卸油船）锅炉燃油烟气一直污染 FPSO 船体周围环境，导致船体周围环境恶劣，为了缓解烟气对周围的污染，同时将处理后的部分烟气进行回收利用，中海油能源发展股份有限公司决定对 115FPSO 锅炉排放的烟气进行处理。本工程的实施将对 115FPSO 船体及周边的大气环境质量的改善做出积极贡献。

二、设计参数

1. 锅炉燃料消耗

该工程所用锅炉燃料为柴油、原油，其最大消耗量统计见表5-7-1。

表5-7-1 115FPSO锅炉燃料最大消耗量统计

锅炉序号	当日运行小时		当日运行小时平均负荷（kW）		日消耗（m³）		本月累计（m³）		本年累计（m³）	
	柴油	原油	柴油	原油	柴油	原油	柴油	原油	柴油	原油
锅炉A	0.0	0.0	0	0	0.0	0.0	0.2	225.73	0.4	712.1
锅炉B	0.0	0.0	0	0	0.0	0.0	0.2	0.0	0.6	43.73
锅炉C	0.0	24	0	?	0.0	17.7	0.0	200.31	5.76	1343.7

2. 单台锅炉基础数据

烟气量：16709m^3/h。

烟气温度：300℃。

烟气湿度：6.92%。

烟气粉尘浓度：56mg/m^3。

烟气二氧化硫浓度：1135.75mg/m^3。

烟气氮氧化物浓度：114mg/m^3。

烟气还含有少量SO_3、CO、炭黑、焦油等复杂成分。

3. 锅炉抽风系统

锅炉未设置抽风系统，靠燃烧原油后的气体膨胀产生的压力排烟。

三、废气处理工艺

本工程烟气处理采用海水脱硫除尘法，脱硫剂为海水。

洗涤系统采用先进的空塔喷淋工艺，塔内上部设置两层喷淋，在喷淋层上方设一级除雾器用来降低烟气带出的水分。原烟气通过洗涤塔时，通过海水的洗涤作用，达到脱硫除尘的目的，脱硫率达85%以上，除尘率达75%以上。

由于脱硫剂是海水，故没有副产物产生，同时因喷淋的海水量较大，捕获的二氧化硫和烟尘在海水中的浓度非常低，即硫酸盐含量为0.12g/L，粉尘含量为0.0035g/L，远低于排放标准，不影响水环境，可直接外排。海洋石油FPSO锅炉烟气脱硫除尘工艺流程见图5-7-1。

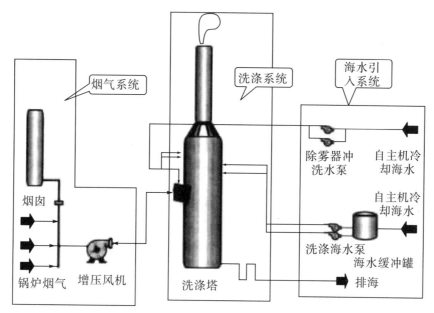

图 5-7-1 海洋石油 FPSO 锅炉烟气脱硫除尘工艺流程

1. 烟气系统

三台锅炉的烟气直接进入洗涤塔，设置旁路，设置增压风机，设计时洗涤塔按一台锅炉的烟气量考虑，一套烟气系统包括发烟气烟道、阀门、膨胀节等。采用钢质圆形烟道。

为防止塔顶烟囱冒白烟，在净烟气中加入一定量的原烟气进行混合，以提高排出口烟气温度，防止出现白烟现象。

2. 洗涤系统

洗涤塔设计成喷淋空塔，采用爆炸复合板结构，在洗涤塔内，海水通过喷淋管直达喷嘴喷出，海水与烟气中的粉尘、SO_2、SO_3 等充分接触，粉尘被洗涤进入海水中，SO_2、SO_3 等与海水中碳酸盐反应生成亚硫酸盐或硫酸盐等，除尘脱硫后的净烟气通过设置在洗涤塔上部的除雾器除去气流中夹带的雾滴后排出洗涤塔。

在洗涤塔内烟气与海水液滴发生碰撞，同时发生反应，烟气中的粉尘颗粒与海水液滴发生惯性碰撞、拦截和凝聚作用而被捕集。而 SO_2 和 SO_3 与海水接触，形成亚硫酸和硫酸。

脱硫主要反应方程式如下：

吸收
$$SO_2 + H_2O \rightleftharpoons H_2SO_3 \tag{5-7-1}$$
$$SO_3 + H_2O \rightleftharpoons H_2SO_4 \tag{5-7-2}$$

水解

一级水解 $\quad H_2SO_3 \rightleftharpoons HSO_3^- + H^+ \tag{5-7-3}$

二级水解 $\quad HSO_3^- \rightleftharpoons SO_3^{2-} + H^+ \tag{5-7-4}$

中和
$$CO_3^{2-} + H^+ \rightleftharpoons HCO_3^- \tag{5-7-5}$$

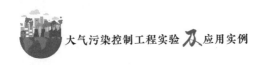

$$HCO_3^- + H^+ \Longrightarrow CO_2 \text{（g）} + H_2O \qquad (5-7-6)$$

氧化

$$2SO_3^{2-} + O_2 \Longrightarrow 2SO_4^{2-} \qquad (5-7-7)$$

洗涤塔的设计尽量使烟气压力损失低，且洗涤塔内部表面无结垢、堵塞问题，通过设计，确定洗涤塔内喷淋层和喷嘴的布置、除雾器、烟气入口和烟气出口的位置，优化运行 pH 值、LGR、烟气流速等性能参数。

喷淋组件之间的距离是根据所喷液滴的有效喷射轨迹及滞留时间而确定的，液滴在此处与烟气接触，粉尘和 SO_2 通过液滴的表面被吸收。

海水经喷嘴喷淋，产生非常细小的悬浮液滴。其用量是根据烟气量的大小、烟温、烟气中粉尘和二氧化硫的浓度而确定。

洗涤塔的运行采用自动控制，以便连续运行。

3. 海水引入系统

海水喷淋系统包括管道系统、喷淋组件及喷嘴等，使洗涤液与原烟气进行充分接触。

烟气进入洗涤塔的水平段为降温洗涤区，设有两排喷淋装置，在降温的同时起到初步脱硫除尘的作用。为保护洗涤塔及其内装置，冷却海水供应必须连续可靠，以免影响系统正常运行。

在洗涤塔的竖直段配有 2 层喷淋层，海水经喷嘴喷淋对烟气进行二次脱硫除尘，每一个喷淋层是由母管和带连接的支管及其喷嘴组成的，喷淋组件及喷嘴的布置设计成均匀覆盖洗涤塔的横截面，保证洗涤塔内 200％ 以上的吸收液覆盖率。

使用由碳化硅制成的大流量空心喷嘴和钛管喷淋管道，可以长期运行而耐腐蚀、耐高温、耐磨蚀、无结垢及堵塞等问题。

洗涤塔设一级除雾器以除去净烟气中夹带的液滴和雾滴，布置于洗涤塔出口。除雾器设有冲洗装置，以防止堵塞，除雾器为可拆卸式的，在除雾器发生大面积堵塞而冲洗无法疏通时，可将其拆下进行人工清洗。

四、技术特点

本工程工艺技术为烟气脱硫除尘一体化技术，特别适用于海上燃气燃油烟气的脱硫除尘。系统设置 100％ 容量的旁路烟气系统。脱硫除尘洗涤塔采用错流式喷雾洗涤器和逆流式喷雾洗涤器相结合的反"L"形洗涤塔方案。脱硫除尘系统设置增压风机，脱硫除尘系统的阻力损失由增压风机提供。脱硫剂采用主机冷却后的外排海水。

此工艺技术针对海上平台烟气脱硫除尘的特殊性和局限性，把错流式喷雾洗涤器和逆流式喷雾洗涤器结合起来形成降温洗涤区和逆流洗涤区二次洗涤，去除烟气中的灰尘，解决了海上烟气烟尘污染问题，同时采用海水作喷淋液，利用海水的天然碱性吸收烟气中的 SO_2 气体，生成的亚硫酸根离子（SO_3^{2-}）和氢离子（H^+）与海水中的碳酸盐和重碳酸盐反应，生成 CO_2 和水，同时脱除烟气中的二氧化硫。脱硫除尘后的烟气，经除雾器后通过塔顶烟囱排入大气中。洗涤海水经洗涤器的底部排出，在洗涤器的排出管上设置"U"形管起密封烟气的作用。

本工艺技术把错流式喷雾洗涤器和逆流式喷雾洗涤器两种成熟的技术结合起来，并整合目前广泛使用的湿法脱硫空塔喷淋技术，开发出脱硫除尘一体化技术。该技术安全、成熟、可靠。

目前，国内海上平台燃气燃油烟气脱硫除尘还处于起步阶段，鉴于海上作业的特殊性和局限性（占地面积、承重能力、安全性、防腐等），其烟气脱硫除尘方法还处于探索阶段。本工艺技术的主要特点如下：

（1）解决了烟气中的焦油、炭黑、蒽和菲等复杂成分析出后影响增压风机正常运行的问题。

（2）采用海水法对燃气燃油烟气进行除尘处理，把错流式喷雾洗涤器和逆流式喷雾洗涤器结合起来形成初洗涤和逆流二次洗涤，去除烟气中的粉尘。

（3）采用海水作为洗涤剂，利用海水天然碱性吸收烟气中的 SO_2 气体，生成的亚硫酸根离子（SO_3^{2-}）和氢离子（H^+）与海水中的碳酸盐和重碳酸盐反应，生成 CO_2 和水，脱除烟气中的二氧化硫。

（4）将燃气燃油烟气除尘和脱硫处理相结合，形成脱硫除尘一体化系统，既能有效清洗烟气中的烟尘，又能很好去除烟气中的 SO_2 气体，洗涤后的海水基本无二次污染，可直接排放。

（5）针对海上平台烟气脱硫除尘的特殊性和局限性，开发出具有压损小，操作简单、稳定、方便，结构简单，占地面积小，质量轻等特点的技术。

（6）设备材质的选择既能防止海水和烟气中酸性气体的腐蚀，又能耐烟气的高温。

（7）本工程净化后的烟气可替代船体惰性气体发生器产生的惰性气体，作惰性气体使用，可节省运行费用。对新建船舶，此装置可替代船体上的惰性气体发生器，减少船体建设成本和运行成本。

五、技术指标

本工程设计洗涤塔进口烟气温度为 300℃；洗涤塔出口烟气温度为 59.44℃；洗涤塔进口 SO_2 浓度为 1135.75mg/m³；洗涤塔出口 SO_2 浓度为 208mg/m³（标态、湿基、实氧）；洗涤塔进口烟尘浓度为 56mg/m³（实际工况），对应的标况 117.3mg/m³（标态、湿基、实氧）；洗涤塔出口烟尘浓度为 29mg/m³（标态、湿基、实氧）。

本工程主要性能保证值如下。

1. 脱硫效率保证

在锅炉的任何正常负荷范围内，脱硫装置的脱硫效率不低于 85%。

脱硫效率定义可用以下公式表示：

$$脱硫效率 = \frac{C_1 - C_2}{C_1} \times 100\% \qquad (5-7-8)$$

式中，C_1 为脱硫除尘系统运行时洗涤塔入口处烟气中的 SO_2 含量，mg/m³；C_2 为脱硫除尘系统运行时洗涤塔出口处烟气中的 SO_2 含量，mg/m³。

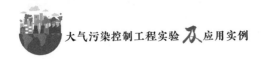

2. 压力损失

从脱硫除尘系统与锅炉主烟道接口到出口之间的系统压力损失不大于1350Pa。

3. 除尘效率

在锅炉的任何正常负荷范围内，脱硫装置的脱硫效率不低于75%。

除尘效率定义可用以下公式表示：

$$除尘效率 = \frac{m_1 - m_2}{m_1} \times 100\% \qquad (5-7-9)$$

式中，m_1 为脱硫除尘系统运行时洗涤塔入口处烟气中的粉尘含量，mg/m^3；C_2 为脱硫除尘系统运行时洗涤塔出口处烟气中的粉尘含量，mg/m^3。

4. 海水耗量

在100%负荷时，且原烟气中的 SO_2 含量为 $1135.75mg/m^3$ 时，系统海水耗量小于 $405m^3/h$。

六、主要设备

海洋石油 FPSO 锅炉烟气脱硫除尘工程主要设备清单见表 5-7-2。

表 5-7-2　海洋石油 FPSO 锅炉烟气脱硫除尘工程主要设备清单

序号	名称	规格型号	单位	数量	备注
1	增压风机	离心式，流量 3.86×10^4 Am^3/h，压升 2120Pa	台	1	带变频器
2	洗涤塔	塔总高 8.98m，洗涤区直径 1.6m，塔顶净烟道直径 0.75m	座	1	
3	除雾器冲洗水泵	流量 $20m^3/h$，扬程 35m，管道泵	台	1	电机防爆
4	海水洗涤泵	流量 $400m^3/h$，扬程 30m，管道泵	台	2	
5	海水缓冲箱	1300mm×800mm×1800mm（H）	个	1	

七、案例评析

1. 项目技术水平

目前，国内海上平台燃气燃油锅炉烟气脱硫除尘还处于起步阶段，鉴于海上作业的特殊性和局限性（占地面积、承重能力、安全性、防腐等），其烟气脱硫除尘方法还处于探索阶段。

本工程结合海油石油锅炉烟气脱硫除尘特点，形成了五大核心技术。

（1）海水法脱硫除尘一体化技术。

把错流式喷雾洗涤器和逆流式喷雾洗涤器两种成熟的技术结合起来，并整合目前广泛使用的湿法脱硫空塔喷淋技术，开发出脱硫除尘一体化技术。

（2）风量同步跟踪调节技术。

通过流量波动状态的模拟信号控制脱硫装置增压风机的变频器，从而实现风量的同步调节或净烟气的合理利用。

（3）预洗涤技术。

采用卧式错流式预洗涤，既可实现初次脱硫除尘，又降低了进入逆向洗涤器的温度，有效地保护了吸收塔的内部构件。

（4）完全空塔喷淋技术。

开发大流量高效双向空心喷嘴，实现完全空塔喷淋，提高了脱硫效率，降低了烟气阻力。

（5）脱硫装置安全保技术。

完全自动控制脱硫装置安全运行与关闭，自动化程度高，系统运行稳定。

2. 项目经验总结

由于海洋石油FPSO锅炉烟气脱硫除尘技术方法还处于探索阶段，本工程技术方案在实施过程中经过了反复修改与论证，主要有以下几点经验：

（1）脱硫工艺方法选择。比较各种烟气脱硫方法的优劣，选择海水法（空塔喷淋）脱硫技术。

（2）除尘工艺方法选择。比较各种烟气除尘方法的优劣，选择错流式喷雾洗涤器和逆流式喷雾洗涤器除尘技术。

（3）根据洗涤后的净烟气不同用处，同时保证整套脱硫除尘系统对锅炉的运行不产生任何影响的问题，开发烟气跟踪调节技术使主装置引风机排出的烟气量与脱硫装置增压风机吸进的烟气量保持等量同步。消除脱硫装置设置对烧结工艺带来的额外影响，使锅炉正常生产、脱硫除尘完全同步适配。同时可根据净烟气的用途，调整增压风机的压升，使净烟气既可正常外排，又可作为惰性气体压入油舱。

（4）根据烟气成分复杂的情况，选择合适的技术手段，解决了烟气中的焦油、炭黑、蒽和菲可能会黏附在风机上而影响风机正常运行的问题。

（5）根据烟气含有多种污染物成分的特性，研发完全空塔喷淋技术，解决喷淋覆盖容易产生吸收"盲区"的问题，达到高脱硫除尘率和洗涤多种污染物成分的目的。

（6）根据海上平台作业条件的复杂性，经过数十次的技术方案制作、调整和讨论，最终确定为反"L"形喷淋空塔方案。

（7）根据海上平台作业环境复杂性、吸收介质的腐蚀性和含硫烟气的特点（高温或腐蚀性），针对性地选择出适合各工作介质的材质。

（8）从海上平台作业条件的安全性和可靠性出发，经过数次研究和讨论，研发出工艺流程简单的脱硫除尘系统，现场操作维修简单、方便。

（9）设计过程中，兼顾海上平台安装设施的限制，开发出可以满足现场安装条件的设备。

（10）开发出可实现自动化操作的脱硫除尘系统，其自动化程度高。

（11）根据设备和船体的连接问题，由于船体属于浮动设备，船体除基本的风载荷外，还有波载荷，流载荷等。

案例 8 陶瓷行业

陶瓷行业废气防治系统的典型案例

一、工程背景

某陶瓷公司是一家外商独资的建筑陶瓷生产企业，分为两大类：渗花瓷砖、聚晶微粉瓷砖。主要有粉料制备、成型、烧成、抛光和分级五大工序。抛光瓷砖主要工艺包括：球磨、除铁、陈腐、喷雾干燥、过筛、成型、干燥、分选、烧成、抛光、再次分选、入库。聚晶微粉瓷砖主要工艺包括：球磨、除铁、陈腐、喷雾干燥、成型、干燥、烧成、抛光、分拣、入库。

二、生产工艺

先将原料运至原料堆放场，按配方配料称重后经输送带进入湿式球磨机，加入添加剂混合磨成浆，当浆料的细度达到工艺要求时，将其送至浆池储存陈腐，在放浆过程利用电磁铁除去浆料中的铁杂质，储存陈腐后的浆料由泥浆泵送至喷雾干燥塔，通过热风干燥成粉状颗粒后送至料仓进行储存陈腐，陈腐时通过粉状颗粒内的毛细管作用将粉状颗粒内部的水分布均匀，以减少成型时产生缺陷；陈腐足够时间后的粉料送至压机进行半干压成型，成型的砖坯强度大大提高；在干燥后的砖坯表面印花釉料由筛网印至砖坯表面，并渗透至砖坯内部，形成一定形状的花纹案，再送至辊道窑内进行高温烧制；高温下的砖坯会产生一系列的物理化学反应，使其烧结后达到使用要求的强度，经烧结后的砖坯由抛光机进行正面打磨抛光，之后经过质检分选包装入库。

1. 工艺车间

按照一定的原材料配方，将各种泥砂按比例和生产数量要求均化配备。本公司生产瓷砖主要原料为泥、砂、石和化工料四大类（具体见原辅材料介绍部分），泥、砂、石和化工料占总成分的 20%、45%、35% 和 0.5%。泥料、砂料和石料主要成分为石英类、长石类、钾（钠）长石、白云石等，一起构成瓷砖的瘠性原料和熔剂原料，按照原料配料要求，将选定的原料全部输送到均化库堆场，进行均化，目的是得到不同级配的配料比例。而化工料为辅助材料，有减水剂类、增强剂类、促渗剂类和色料等，目的是增加建筑陶瓷砖的各种力学、装饰和质量性能。

2. 原料车间

原料车间有如下工艺过程：

（1）配料输送。均化场内的原料，经电子秤用皮带输送到球磨，进行球磨破碎。

（2）球磨粉碎。公司采用的球磨设备为 HLF01A 的 QMP 球磨机（规格有 ϕ4100mm×11200mm、ϕ3600mm×6780mm），按工艺要求，将已配备好的原材料、水和助剂（化工料），加入球磨机中，进行研磨，不断地粉碎，已达到生产所要求细度。同时，不同类型的原料在水介质的辅助下得到充分的混合均化。球磨粉料标准：$63\mu m$ 的标准筛筛余量为 3％左右。

（3）过筛除铁。原料中含有铁杂质，同时研磨时铁杂质也备研磨得相当细微，广泛分布在料浆中，只要在料浆渣入浆池口前，放入除铁器，因料浆流动性好，铁杂质颗粒物可以在磁场引力的作用下自由、快速地向磁铁介质迁移，从而被吸附除去。

（4）料浆均化。公司生产的建筑陶瓷料浆含水率为 30％～40％，原料颗粒细腻、物料混合均匀，但料浆中含有大量黏土质原料，具有触变性，因此，需要使用叶片式搅拌机进行持续搅拌，达到充分均化目的。

（5）喷雾造粒。将除铁、均化后的料浆加压喷入喷雾干燥塔内，形成料浆雾滴，并使其与 400℃～600℃的高温热风进行接触，由于料浆雾滴比表面积大，且料浆与热风温差大，料浆雾滴所含的水分绝大部分几乎被瞬间蒸干，而残留的固体物质则被凝结成为颗粒粉料。干燥后的粉料在重力作用下，其颗粒落在塔体上，沿塔壁向下滚动，外形被进一步滚圆，最终从底部出口集聚流出，成为较干燥的球形粉料。

（6）粉料过筛。干燥过程中彼此碰撞，从而积聚为较大颗粒；或部分含水率较高且黏结在干燥塔内壁的浆滴不时脱落，混入球形粉料中，形成块团。颗粒和块团过大，会引起生坯的局部性质差异，最终形成废品。为此，在干燥塔出口处设置滚笼筛，对粉料进行筛分，以去除尺寸过大的颗粒和料块。

（7）粉料陈腐。均化为消除粉料中水分不均匀问题，为保证生坯压制成型的正常生产，必须对过筛的粉料进行水分均化处理——陈腐。陈腐就是将粉料密封存储于料仓内，在毛细管及蒸气压力作用下，粉料中水分逐步迁移，经过一定时间后，粉料中的水分基本达到均匀一致。陈腐后进入下一道工序，即生坯压制成型。

3. 成型车间

（1）压制成型。本公司采用的成型技术为压制成型，设备型号为 HLF02A－压机（型号有 KD7800A、KD4800C）。就是将具有一定含水率的原料粉料装入压机模具中，施加压力，使之压制成为具有一定形状和强度的生坯。主要流程为：填充模具—第一次压制—排气—第二次压制—脱模（顶起和推出）。

填充模具：将粉料快速、均匀地填充至模具中。

第一次压制：上、下模首次移动，实施压制，排除粉料中的空气，使原料颗粒靠拢，初步形成具有足够强度和适宜密度的生坯。

排气：在第一次压制后，坯体内周边形成的气流通道堵塞口具有较高强度，阻碍气体的排出，因此，应将上模上升很小一段距离（2mm 左右），完成排气，使残留空气自由移动排出。

第二次压制：排气后，上模再次下降施压，进行第二次压制，使坯体最终实现致密化。

脱模：当压制完成后，上模与下模共同上升，将生坯送出模腔，实现生坯脱模。之后，生坯被转料框推至模腔平台上的物料转移设备，传递到后续工序中。

（2）坯体干燥。干燥是指降低物料含水率的脱水过程。这里主要是生坯干燥。生坯中的水分为三种结构水、吸附水和自由水。此过程主要是去除自由水和吸附水。

该公司采用的干燥设备为双层辊道式干燥窑，型号为 W3500/L150800，此窑为连续式快速干燥器，为自动化生产设备。坯体从窑体一端进入，另一端移出，高温介质被同时吹入坯体的上、下表面，使其快速均匀干燥，去除部分水分（自由水和吸附水）。

（3）坯体检验。对干燥后的坯体进行合格检验，剔除不合格坯体，确保产品质量。

（4）淋釉渗花。对干燥合格坯体进行艺术加工，表面上釉和渗花。满足不同用户的使用特点。

（5）高温烧成。烧成是对陶瓷生坯进行高温热处理，使其发生一系列物理化学变化，最终形成具有一定的微观结构和晶体组成的陶瓷熟坯产品，展现出所要求的性能。

该公司采用的烧成设备为辊道窑，型号为 W2500/L324300MM、GK132－W2500/L324495。烧成分为四个阶段：预热、低温烧成、高温烧成、冷却。在不同阶段，生坯中发生着不同的物理化学反应，并生成各种新型的液相和固相，最终形成具有独特微观结构和晶相组成的熟坯。

①预热阶段：温度到 300℃，排出生坯中在干燥阶段没有排出的残留水分，以及离开干燥 阶段后创新从大气中吸附的水分或施釉过程中吸附的水分，同时生坯原料中含有的挥发性有机物也在本阶段回复排出。不发生化学反应，属物理变化。水分排出将导致固体物质彼此靠拢，使熟坯产生一定程度的收缩，孔隙度有所增加，因此应控制入窑含水率在 1% 以下，避免因快速干燥而产生熟坯变形破裂。预热时间 5min 左右。

②低温烧成阶段：温度由 300℃ 上升到 900℃ 左右，时间为 10min 左右，是烧成过程中最主要的排气阶段，诸多物质都在此阶段氧化或分解，排出多种气体，使孔隙度显著增加，此外，本阶段中还有一定程度的晶体转变、液相形成。

③高温烧成阶段：温度继续上升至最高温度 1200℃～1400℃，是烧成过程中最主要的液相形成和晶相转变阶段，坯体的微观结构和晶相不断转变并优化，最终上升至坯体的瓷化，同时伴随大量的气体产生。本阶段合适的最高烧成温度对产品的性能非常重要。

④冷却阶段：温度从最高温度降至室温，主要是将高温烧成阶段获得的致密度高、晶型良好的坯体冷却固定成型。在温度降低过程中，液相黏度迅速增大，使得晶体的析出与生长明显放慢，并因过冷成为固相，而瘠性料中的莫来石和方石英等晶体则均匀分散并固化与玻璃相中，共同构成孔隙度低、强度高、硬度大、光泽度好的瓷化坯体。

4. 抛光车间

打磨抛光是对烧结后的产品毛边进行打磨，从而达到需要的规格，同时对陶瓷制品的表面进行抛光加工，以达到镜面效果。

5. 检验和入库

按照《建筑陶瓷》（GB/T 4100—2006）标准对抛光后陶瓷砖的光洁度和平整度等指标进行检验，然后按不同等级打包入库。

6. 制气车间

两段式煤气发生炉为连续制气，来自鼓风机室的空气与通入的水蒸气混合作为气化剂，通过煤气发生炉底部进入炉内，筛选后的 25~50mm 烟煤从顶层煤仓经滚筒式加煤机均匀地加入煤气炉内，气化剂与煤块接触反应生成煤气，上段煤气经电捕焦油器至间冷器，下段煤气先经旋风除尘器除尘后，经风冷器至间冷器和上段煤气混合，一起进入电捕焦油器（除油），最后进入调压柜。生产时直接由风机抽出，将煤气送往窑炉。

某陶瓷公司主要工艺流程如图 5-8-1 所示。

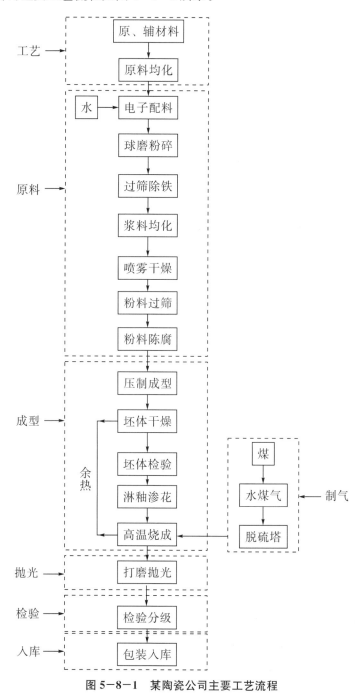

图 5-8-1　某陶瓷公司主要工艺流程

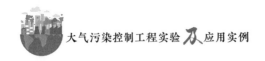

三、大气污染治理

1. 有组织污染源排放

有组织污染源主要是煤气发生炉放散气（在开炉瞬间产生的小量发生炉废气），排放方式为开炉排放一次，主要污染物为 CO、CO_2、CO_2、H_2S、N_2、CH_4、H_2 烟尘等，煤气经干法脱硫后进入成型工序。该脱硫技术在该陶瓷公司已成功运用。采用干法脱硫塔对煤气发生炉的煤气进行干式脱硫，脱硫剂为 XYF－1 型氧化铁。脱硫及再生反应原理如下：

脱硫 $Fe_2O \cdot H_2O + 3H_2S \longrightarrow Fe_2S_3 \cdot H_2O + 3H_2O + 15kcal/g$ 分子   （5－8－1）

再生 $Fe_2S_3 \cdot H_2O + \frac{2}{3}O_2 \longrightarrow Fe_2S_3 \cdot H_2O + 3S + 145kcal/g$ 分子   （5－8－2）

根据专家考察结论，该脱硫塔脱硫效率达 80％以上。工程在对煤气发生炉的煤气进行干法脱硫后，SO_2 外排量将会大大减少。

①原料制备工序。原料制备主要污染源为喷雾干燥塔产生的废气、粉尘。废气采取二级旋风除尘、碱水水膜处理，粉尘回收处理后，废气通过高 30m、长 10m、宽 6m 的矩形烟囱排放。

②成型工序。成型工序中部分环节会产生粉尘，粉尘中的游离二氧化硅含量很高，采取喷淋除尘降低粉尘浓度，此粉尘全部可回收再利用。该系统为封闭无排气口的循环系统。

③烧成工序和坯体干燥窑。烧成工序主要污染物有烟尘、二氧化硫。由煤气燃烧产生的燃烧废气及坯体烧成产生废气。这股废气为高温废气，送坯体干燥窑去干燥，来自烧成工序的高温废气通过干燥窑使坯体干燥后分别通过高 25m、内径为 0.8m 的 4 个烟囱排放。项目要求采用小于 0.5％低硫煤作为生产煤气的原料，在煤气生产过程中已采取干法脱硫措施除硫。因此，脱硫后煤气中的含硫量最低，燃烧后废气不需要进一步处理而直接外排。烧成工序废气产生及处理方式见表5－8－1。

表 5－8－1 烧成工序废气产生及处理方式

序号	废气来源	排放污染物处理内容	处理方式
1	喷雾干燥塔废气	粉尘	水膜除尘/沉降室
2	烧成干燥塔废气	粉尘、SO_2、NO_x	燃烧之前干法脱硫处理

2. 无组织污染源排放控制措施分析

无组织污染源主要是原料堆场、煤堆场、装卸煤灰渣、煤粉临时堆场产生的灰尘，通过对原料堆场及煤堆场顶部加盖遮雨篷，四周设 3m 以上挡风墙，地面固化，堆场外种植有滞尘效果的乔木和灌木，可以降低粉尘对厂区的污染。在原料装卸作业现场以及运输车辆经过的道路都会撒落和沉积粉尘，通过及时清扫收集粉尘。

四、案例评析

1. 原料制备节能

陶瓷原料加工部分的能耗在整个生产过程中占比很大，节能潜力较大。目前陶瓷厂大多采用间歇式球磨机作为细磨设备，其内衬主要用隧石衬。如果采用氧化铝衬和等静压球石，可提高球磨效率 30%～40%，综合成本是天然石球的 40%～60%。

2. 使用变频调速技术

陶瓷行业配备了大量的球磨机、风机、水泵和输送带等设备，这些设备大多采用直接的工频控制方式，这种控制方式会造成很多能源浪费。通过安装变频器，根据工艺的要求自动调节需要的负载频率，可达到节能降耗的目的。

3. 改进生产工艺

改进生产工艺及设备是企业开展清洁生产的核心。新的烧成工艺如一次烧成、低温快烧、微波干燥等，不仅可提高产品质量、性能，而且大大降低了能源的消耗。在陶瓷设备方面也进行了改造和提升，如采用大吨位的球磨，使用连续球磨技术；使用大型喷雾干燥塔设备及自动化高、产量高的辊道窑；使用保温性能好的窑炉保温材料等设备。

4. 改造燃料结构

目前，大多陶瓷企业使用的燃料是液化气、煤、煤气、轻柴油、重油等，但煤和重油因温差大、热效率低、污染大等使其受到限制，常用的是液化气、轻柴油、煤气。近年来，液化气和轻柴油价格一直居高不下，成本相对较高。水煤浆和水煤气作为煤的替代能源，与柴油和重油相比，具有相当可观的经济效益。

5. 提高余热利用

国外将余热主要用于干燥和加热燃烧空气，利用热空气供助燃，可降低热耗 2%～8%，这不仅能提高燃料的利用系数，降低燃料消耗，而且提高了燃烧温度，并为使用低质燃料创造了条件。目前，大多数陶瓷企业都开展了余热利用的工作，主要将余热用于湿坯的干燥和助燃空气的加热，然而窑炉余热综合利用还不到 5%，因废气带走的热量损失占总能耗的 30% 左右。利用窑炉余热加热助燃风，是目前建筑陶瓷企业开展清洁生产常用技术。

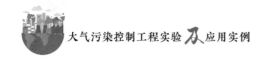

案例 9　化肥行业

某化肥厂尿素生产工艺造粒塔粉尘治理工程

一、工程概况

某化肥厂在塔式造粒的尿素生产过程中，由于化学反应、机械破碎、造粒喷头喷孔不规则、造粒机操作状态不正常等，不可避免地会产生一些粉尘。根据有关资料介绍，平时即使在最佳操作条件下，每吨尿素也要逸出 0.8～1.3kg 粉尘，造粒塔出气中含尘浓度为 100～300mg/m³，这是目前生产工艺和设备条件下无法避免的。这些粉尘的产生不仅浪费原料，而且较大颗粒的粉尘会沉积在造粒塔出风口粉尘沉降室内，每到夏季暴雨天气，部分粉尘随雨水流下，致使造粒塔外壁和造粒塔周围的设备、管道、厂房地面到处都是尿素，对设备管道、厂房造成严重的腐蚀。

二、造粒工艺过程

固体尿素或硝铵（硝铵磷等）加热熔融后成为熔融液，也可以直接使用蒸发浓缩后的熔融液。在熔融液中加入相应的磷肥、钾肥、填料及添加剂制成混合料浆。混合料浆送入高塔造粒机进行喷洒造粒，通过造粒机喷洒进入造粒塔的造粒物料，在从高塔下降过程中，与从塔底上升的气体阻力相互作用，与其进行热交换后降落到塔底，落入塔底的颗粒物料，经筛分表面处理后得到颗粒复合肥料。

1. 工艺流程

除去甲胺的尿液自精馏塔底部出来后进入闪蒸槽，在 0.03MPa 的负压下闪蒸回收 NH_3 和 CO_2，尿液浓缩到 75%，再经一、二段两级蒸发，尿液浓缩达 99.7% 以上成为熔融物，将含尿素为 99.7% 的熔融尿液送至造粒塔顶进入造粒喷头，在喷头的旋转作用下，尿液经喷头上的小孔喷洒出来形成液滴，液滴在下降过程中与逆流而上的空气相遇，逐渐冷却结晶成粒状，落到塔底，经刮料机刮至下料斗，再到运输皮带，进入仓库或直接包装。自然通风式造粒塔由于温升，使空气通过塔壁底部的风口进入，尾气由塔顶四周排放到大气中。塔式造粒工艺流程如图 5-9-1 所示。

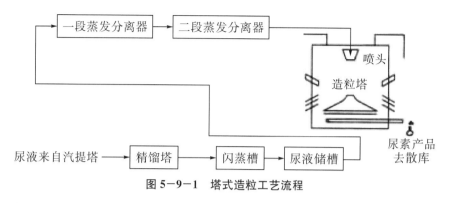

图 5-9-1　塔式造粒工艺流程

2. 技术特点

与常用的复合肥料制造工艺相比，塔式造粒工艺具有以下特点：

（1）直接利用尿素或硝铵熔融液，省去了尿素熔体的喷淋造粒过程，以及固体尿素的包装、运输、破碎等，简化了生产流程。

（2）造粒工艺充分利用熔融尿素或硝铵的热能，物料水分含量很低，无须干燥过程，大大节省了能耗。

（3）生产中合格产品颗粒百分含量很高，故生产过程中返料量几乎没有。

（4）操作环境好，无三废排放，属清洁生产工艺。

三、主要存在的问题

1. 造粒粉尘排放

熔融的尿液进入旋转喷头，因喷头旋转产生的离心力被甩出喷头小孔，形成一缕缕细流，细流又被高速旋转的喷头切割成极短的小液柱，由于液体有内聚力而形成小液滴，均匀地喷洒于整个塔截面上，在塔内与冷却介质空气逆流接触，经过凝固和冷却过程后尿素颗粒落入塔底。塔底收集的尿素颗粒经皮带运输机输送到筛分网进行粒径分离，合格的尿素颗粒成品送电子秤包装。空气从底部吹向塔上，粉尘（包括 1.2mm 以下的微小颗粒）和热量从塔顶出风口逸出。该厂自然通风造粒塔出风所带粉尘绝对量约为强制通风造粒塔的 30%。自然通风造粒塔出风粉尘浓度为 $100 \sim 300 mg/m^3$。从国内外的有关资料可看出，出风所带尿素粉尘为 $0.8 \sim 1.3 kg/t$ 尿素，即年产 60 万吨尿素装置每天损失 $2 \sim 3t$ 尿素。这些逸出的粉尘不仅污染环境，而且会因尿素颗粒的逸出在很大程度上造成资源浪费。

2. 粉尘污染原因

塔式造粒粉尘产生的原因一般有以下几种：

（1）化学反应过程造成的粉尘。喷出的熔融物在较高温度下和偏低的氨压下引起尿素分解而产生异氰酸和氨，但在冷却条件下，这两种介质在重新相遇后又能反应生成尿素。熔融物温度越高，分解越剧烈，形成的粉尘也越多。这样产生的尿素粉尘极为细小，均在 $10 \mu m$ 以下。

（2）喷头喷射出的粉尘。从单个小喷孔喷射试验中可以观察到，在喷孔射流周围总

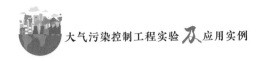

出现几条微细射流或微粒轨迹。当喷孔加工不规则时，若有凸缘、毛刺或划痕缺陷，造粒塔就会产生大量的尿素粉尘。

（3）喷头操作状态不正常引起的粉尘。操作实践证明，如果熔融温度过低、喷量过小、喷头转速过高或过低，由于黏度增高，喷头内旋转液层厚度分布不佳，就会引起造粒状况恶化，细小颗粒和空心颗粒增多，同时粉尘量增大。

（4）各种机械力破碎所造成的粉尘。包括塔底刮料机转动时尿素颗粒破碎和颗粒在冷却前与塔壁或颗粒之间碰撞破碎。后者的发生往往是由塔径与喷洒范围配合不当、通风气流及塔内小回流对喷洒线的扰动或喷头设计参数选用不当及孔轴偏斜等造成颗粒运动轨迹的交错所致。

（5）塔内风速过大时所携带的粉尘。颗粒大，数量多。

四、造粒车间除尘工艺选择

1. 除尘装置

（1）旋风除尘器。

旋风除尘器的除尘机理是使含尘气流做旋转运动，借助离心力使尘粒从气流中分离并捕集于器壁，再借助重力作用使尘粒落入灰斗。普通旋风除尘器由筒体、锥体和进、排气管等组成。

旋风除尘器结构简单，易于制造、安装和维护管理，设备投资和操作费用较低，已广泛用来从气流中分离固体和液体粒子，或从液体中分离固体粒子。

（2）电除尘器。

电除尘器是含尘气体在通过高压电场进行电离的过程中，使尘粒荷电，并在电场力的作用下使尘粒沉积在集尘极上，将尘粒从含尘气体中分离出来的一种除尘设备。电除尘过程与其他除尘过程的根本区别在于，分离力（主要是静电力）直接作用在粒子上，而不是作用在整个气流上，这就决定了它具有分离粒子耗能小、气流阻力小的特点。由于作用在粒子上的静电力相对较大，因此，即使针对亚微米级的粒子也能有效地捕集。

电除尘器具有压力损失小、处理烟气量大、能耗低、对细粉尘有很高的捕集效率、可在高温或强腐蚀性气体下操作等优点。在收集细粉尘的场合，电除尘器已经是一种主要的除尘装置。

（3）湿式除尘器。

湿式除尘器是使含尘气体与液体（一般为水）密切接触，利用水滴和颗粒的惯性碰撞及其他捕集颗粒或使粒径增大的装置。

湿式除尘器可以有效地将直径为 $0.1\sim20\mu m$ 的液态或固态粒子从气流中除去，同时能脱除部分气态污染物。它具有结构简单、占地面积小、操作及维修方便和净化效率高等优点，能够处理高温、高湿的气流，将着火、爆炸的可能性降至最低。但采用湿式除尘器时要特别注意设备和管道腐蚀及污水和污泥的处理等问题。湿式除尘过程也不利于副产品的回收。如果设备安装在室内，还必须考虑设备在冬天可能冻结的问题；要是去除微细颗粒的效率较高，则需使液相更好地分散，但能耗增大。

湿式除尘器制造成本相对较低，对于化工、喷漆、喷釉、颜料等行业产生的带有水分、黏性和刺激性气味的灰尘是最理想的除尘方式。因为不仅可除去灰尘还可利用水除去一部分异味，如果是有害气体（如少量的二氧化硫、盐酸雾等），可在洗涤液中配制吸收剂吸收。

湿式除尘器的主要缺点有：产生洗涤污泥，需要解决污泥和污水问题；设备需要选择耐腐蚀材质；动力消耗较大；北方或寒冷地区需要考虑设备防冻。

根据净化机理，将湿式除尘器分成七类：重力喷雾洗涤器、旋风洗涤器、自激喷雾洗涤器、板式洗涤器、填料洗涤器、文丘里洗涤器、机械诱导喷雾洗涤器。应用较广泛的是喷雾塔洗涤器、旋风洗涤器和文丘里洗涤器。

（4）袋式除尘器。

袋式除尘器是一种干式滤尘装置。它适用于捕集细小、干燥、非纤维性粉尘。滤袋采用纺织的滤布或非纺织的毡制成，利用纤维织物的过滤作用对含尘气体进行过滤，当含尘气体进入袋式除尘器，颗粒大、密度大的粉尘由于重力作用沉降下来，落入灰斗，含有较细小粉尘的气体在通过滤料时，粉尘被阻留，使气体得到净化。

袋式除尘器的使用，除了要正确选择滤袋材料，清灰系统的选择也至关重要。清灰方法是区分袋式除尘器的特性之一，也是袋式除尘器运行中的重要环节。

2. 除尘装置比较

选择除尘器时必须全面考虑有关因素，如除尘效率、压力损失、一次投资费用、维修管理费用等，其中最主要的是除尘效率。

（1）选用的除尘器必须满足排放标准规定的排放要求。对于运行状况不稳定的系统，要注意烟气处理量变化对除尘效率和压力损失的影响。旋风除尘器除尘效率和压力损失随处理烟气量增加而增加，但大多数除尘器（如电除尘器）的效率随处理烟气量的增加而降低。

（2）粉尘颗粒的物理性质对除尘器性能具有较大影响。黏性大的粉尘容易黏结在除尘器表面，不宜采用干法除尘；比电阻过大或过小的粉尘不宜采用电除尘；纤维性或憎水性粉尘不宜采用湿法除尘。

（3）气体的含尘浓度。即入口和出口含尘浓度。入口含尘浓度是由扬尘点的工艺所决定的，在设计或选择袋式除尘器时，它是仅次于处理风量的又一个重要因素。出口含尘浓度的大小应以当地环保要求或用户的要求为准，含尘浓度较高时，在静电除尘器或袋式除尘器前应设置低阻力的预净化设备，去除较大尘粒，以使设备更好地发挥作用。例如，降低除尘器入口的含尘浓度，可以提高袋式除尘器的过滤速度，防止电除尘器产生电晕闭塞，对湿式除尘器则可减少处理量、节省投资及减少运转和维修工作量。

为减少喉管磨损及防止喷嘴堵塞，对文丘里、喷淋塔等湿式除尘器，理想含尘浓度在 $10g/m^3$ 以下，袋式除尘器的理想含尘浓度为 $0.2\sim10g/m^3$，电除尘器的理想含尘浓度为 $30g/m^3$。对于袋式除尘器，入口含尘浓度将直接影响下列因素：①压力损失和清灰周期。入口含尘浓度增大，同一过滤面积上积灰速度快，压力损失随之增加，清灰次数增加。②滤袋和箱体的磨损。若粉尘具有强磨蚀性，其磨损量与含尘浓度成正比。③是否需要预收尘。即在除尘器入口处前再增加一级除尘设备，也称前级除尘。④排灰装置的排灰能力。排灰装置的排灰能力应以能排出全部收下的粉尘为准，粉尘量等于入口含尘浓度乘以处理风量。袋式除尘器的排放浓度一般都能达到 $50g/m^3$ 以下。

（4）烟气温度和其他性质。对于高温、高湿气体，不宜采用袋式除尘器。如果烟气中同时含有 SO_2、NO 等气体污染物，可以采用湿式除尘器，但必须要考虑腐蚀因素。对于袋式除尘器，使用温度取决于两个因素：一是滤料的最高承受温度；二是气体温度必须在露点温度以上。目前，由于玻纤滤料的大量选用，其最高使用温度可达 $280℃$，对高于这一温度的气体必须采取降温措施，对低于露点温度的气体必须采取提温措施。袋式除尘器使用温度与除尘效率关系并不明显，其温度的变化会影响粉尘的比电阻等，从而影响除尘效率。

（5）收集粉尘的处理问题。有些工厂本身设有泥浆废水处理系统，或采用水力输灰方式，在这种情况下可以考虑采用湿法除尘，即把除尘系统的泥浆和废水纳入工艺系统。

（6）处理风量。根据风量设计或选择袋式除尘器时，一般不能使除尘器在超过规定风量的情况下运行，否则滤袋容易堵塞，寿命缩短，压力损失大幅上升，除尘效率降低；但也不能将风量选得过小，否则会增加设备投资和占地面积。

（7）过滤速度。过滤速度是设计和选择袋式除尘器的重要因素，袋式除尘器过滤面积确定了，其处理风量的大小就取决于过滤速度。

3. 除尘工艺选择

除尘设备要技术上可行，经济上合理。希望除尘设备购置、安装和运转维护费用最少，并能达到要求的除尘效率，这样所选用的除尘设备才是最经济、适用的。综合除尘器的分类及选择要求，结合化肥厂尿素粉尘颗粒特性，即排放量指标、颗粒粒径指标等进行分析，选出最适合的除尘装置。各种除尘设备的性能见表5-9-1。

表5-9-1 各种除尘设备的性能

除尘器类型	优点	缺点	适用范围
电除尘器	（1）除尘率高 （2）耐高温 （3）阻力小 （4）尘浓度极低的也适用 （5）气带水分无妨	（1）设备费用高 （2）占地面积较大 （3）粉尘对电极性有影响 （4）粉尘附着放电，影响除尘性能	（1）钢炼钢厂平、转炉除尘 （2）硫酸生产中气体除尘 （3）工业气体除尘 （4）火力发电厂 （5）水泥厂袋滤器
袋式除尘器	（1）滤布的除尘效率极高 （2）滤布好，袋滤器的阻力小 （3）操作简单 （4）适用低尘浓度	（1）滤布的维持费高 （2）不耐高温（<300℃） （3）不适用于含水分气体的除尘 （4）含尘量过高不适用	（1）对于干燥粉尘要求除尘率高的场所 （2）制粉工厂 （3）炭黑工厂 （4）水泥厂 （5）电炉炼钢除尘

除尘器类型	优点	缺点	适用范围
旋风除尘器	(1) 设备费用低 (2) 占地面积小 (3) 耐高温 (4) 除尘效率高 (5) 操作简单 (6) 含尘量较高适合	(1) 温度下降大 (2) 含水分且附着力强的粉尘禁用	(1) 锅炉除尘 (2) 空气运输装置后面 (3) 其他
湿式除尘器	(1) 除尘效率高 (2) 占地面积小 (3) 设备费用低 (4) 不受温度、湿度限制	(1) 压力损失大 (2) 用水量多 (3) 含尘量高，易堵	(1) 用水方便时用于细小粉尘的除去 (2) 高温气体除尘

该化肥厂造粒车间排放的粉尘是小颗粒粉尘，且排出气体属于高温气体。在尿素生产的同时会产生大量的粉尘颗粒。综上分析比较，采用湿式除尘法进行粉尘净化处理。现设计采用喷淋除尘法进行粉尘净化处理，主要设备为喷淋塔。

五、喷淋除尘工艺

喷淋除尘器是一种较经济简单的除尘器，根据喷淋洗涤塔内气体与液体的流动方向，可分为顺流、逆流和错流三种形式。最常用的是逆流喷淋法。含尘气体从塔的下部流入，气体通过气流分布格栅，使气流能均匀进入塔体，液滴通过喷嘴从上向下喷淋。喷嘴可以设在一个截面上，也可以分几层设在几个截面上。

该化肥厂除尘工艺采用逆流喷淋法，设三层喷淋，通过液滴与含尘气流碰撞、接触，液滴就捕获了尘粒。净化后的气体通过挡水板去除带出的液滴。喷淋除尘器结构如图 5-9-2 所示。

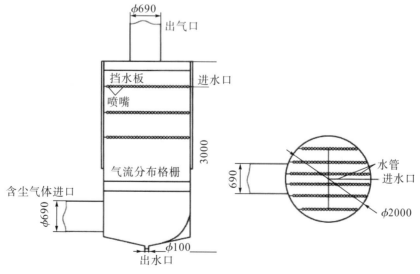

图 5-9-2　喷淋除尘器结构（单位：mm）

粉尘从造粒塔顶溢出，溢出粉尘经塔底吸风机吸风，含尘气体从造粒塔上部出口沿管道进入塔底喷淋除尘装置。逆流的含尘气体经过喷淋除尘器的喷淋处理、收水后，干净的空气排入大气，处理后的液体经过喷淋除尘器下端出水口进入下一级循环槽中。循环溶液由循环泵输送至喷头进行喷淋除尘，吸尘后的溶液经喷淋塔底出水口再沿管道自流入循环槽，如此进行循环除尘。当循环溶液含尿素质量分数达30%以上时，打开循环槽底部的出水管道，将浓尿素回收到尿液槽中，同时向循环系统补水，维持循环槽的正常保有溶液量。当回收溶液含尿素质量分数降至20%以下时，停止回收。喷淋除尘工艺流程如图5-9-3所示。

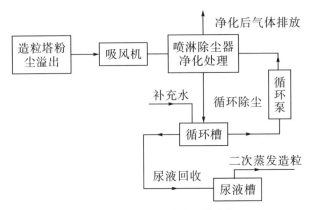

图5-9-3　喷淋除尘工艺流程

六、案例评析

根据该化肥厂造粒塔粉尘的形成原因和特性，通过对各种除尘器特点及运行条件进行比较，综合考虑除尘效果和经济因素，选择适合该化肥厂的喷淋除尘工艺进行处理。实际运行过程证明，该工艺具有以下特点：

（1）装置全部布置在造粒塔下部，操作简便，与原生产系统合为一体，设备少、投资省。

（2）该工艺采用塔外喷淋除尘，有效保证了除尘效果和气液分离，避免喷淋洗涤液溅入塔内，杜绝二次污染和对生产产生影响。

（3）采用先进雾化喷嘴，同时进行顺逆流低阻力雾化吸收，同一高度内增加了有效吸收空间和吸收次数，确保吸收效果，减少了装置投入；自动清洗过滤装置保证了循环泵长周期稳定运行。

（4）调温装置的使用，保证了循环液最佳吸收效果及循环液中尿素溶化物的浓度。

（5）循环吸收液达到一定浓度时定期回收到尿液槽或蒸发系统，对原生产系统影响小，回收效益明显。

（6）回收了排放气中的粉尘尿素，提高了经济效益，保证了塔顶气体达标排放，符合国家环保要求。

参考文献

[1] 郝吉明，马广大，王书肖. 大气污染控制工程 [M]. 北京：高等教育出版社，2021.

[2] 郝吉明，段雷. 大气污染控制工程实验 [M]. 北京：高等教育出版社，2004.

[3] 何争光. 大气污染控制工程及应用实例 [M]. 北京：化学工业出版社，2004.

[4] 郝吉明，万本太，王金南. 新时期国家环境保护研究 [M]. 北京：科学出版社，2017.

[5] 黄学敏. 张承中. 大气污染控制工程实践教程 [M]. 北京：化学工业出版社，2003.

[6] 张莉，杨嘉谟. 环境工程专业课程设计指导教程与案例精选 [M]. 北京：化学工业出版社，2012.

[7] 环境保护部环境工程评估中心. 环境影响评价案例分析 [M]. 北京：中国环境科学出版社，2009.

[8] 田立江，张传义. 大气污染控制工程实践教程 [M]. 北京：中国矿业大学出版社，2016.

[9] 朱四喜，王凤友，吴云杰，等. 环境科学与工程类专业创新实验指导书 [M]. 北京：冶金工业出版社，2009.

[10] 贺克斌，杨复沫，段凤魁，等. 大气颗粒物与区域复合污染 [M]. 北京：科学出版社，2011.

[11] 马广大. 大气污染控制技术手册 [M]. 北京：化学工业出版社，2010.

[12] 陆建刚. 大气污染控制工程实验 [M]. 北京：化学工业出版社，2016.

[13] 杨俊，王鹤茹. 环境工程实验指导书 [M]. 北京：中国地质大学出版社，2016.

[14] 熊振湖，费学宁，池勇志. 大气污染防治技术及工程应用 [M]. 北京：机械工业出版社，2003.

[15] 朱世勇. 环境与工业气体净化技术 [M]. 北京：化学工业出版社，2003.

[16] 蒋文举. 大气污染控制工程 [M]. 2 版. 北京：高等教育出版社，2020.

[17] 刘后启，窦立功，张晓梅，等. 水泥厂大气污染物排放控制技术 [M]. 北京：中国建材工业出版社，2007.

[18] 原永涛. 火力发电厂电除尘技术 [M]. 北京：化学工业出版社，2004.

[19] 李俊华，姚群，朱廷钰. 工业烟气多污染物深度治理技术及工程应用 [M]. 北京：科学出版社，2019.

[20] 章非娟，徐竟成. 高等学校教材环境工程实验 [M]. 北京：高等教育出版社，

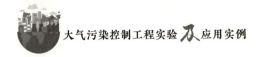

2019.

[21] 张慧，陈敏东，陆建刚. 大气污染控制工程设计教程［M］. 北京：气象出版社，2014.

[22] 潘琼. 大气污染控制工程案例教程［M］. 北京：化学工业出版社，2013.

[23] 许宁. 大气污染控制工程实验［M］. 北京：化学工业出版社，2018.